文治
© wénzhī books

和你的情绪聊聊天

超訳 ブッダの言葉

［日］小池龙之介 著
李颖秋 译

北京联合出版公司
Beijing United Publishing Co.,Ltd.

序　文

有时候，我们感觉想要放弃了。
"索性，干脆豁出去了吧！"
有时候，我们感觉天都要塌了。
"怎么办呢？这下如何是好呢？"
有时候，我们感觉真的好抓狂。
有时候，我们感觉快要经不起眼前的诱惑了。

每当这些感觉来袭的时候，正是我们心灵最脆弱的时候，也是我们身处逆境的时候。这个时候，吟诵一下本书所收录的经典篇章，相信字字珠玑的语录能帮助您穿越沼泽，渡过难关。

句句简练至极，而又深入人心，赐予您无穷的勇气和力量。

让您重新找回那个新鲜欲滴的自己,让您以一个全新的姿态从头再来。

来自佛陀的语录短小精悍,言简意赅,同样,本书的写作意图也非常简单。读者在拿到这本书的时候,无论从哪一页开始翻阅,来自佛陀的教诲都会句句直达您的内心深处,给您带来无限的正能量。

有时能给您的心灵带来勇气,有时能让您的心灵沉静,有时能让您豁然开朗,有时能让您告别纠结,收获内心的安宁,有时能让您怒气顿消——这些心灵治愈的效果正是我们编译此书的目的所在。

因此,如果您抱着追求"学问的意义""深度"以及"学习"的目的来翻阅本书的话,那您可能就要失望了。

来自佛陀的教诲是要用心去体会的,请您抱着一颗虚怀若谷的赤子之心,不带一丝杂念地去诵读这些章节,相信您一定会有所收获。

因为这些语录里的每一句话都是没有任何影射,非常简练的。如果带着一种非常复杂的功利心去翻看，可能就会一无所获。而当您沉静下来以一颗纯净的心来翻阅这些章节时，您会发现每次都有不同的感动、不同的领悟，您会对本书爱不释手。因为这里的每一句话都会以一种无形的力量推动着您朝着更好的方向前进。哪怕仅仅是吟诵本身都有可能有独特的韵味。

本书中所收录的经典语录都是在佛陀释迦牟尼所生活的古印度时代，由他的嫡系弟子们通过背诵代代相传的。语言浅显，无论是高中生还是大叔大妈们，都能看得懂。编译者对于一部分自己喜欢的语句还做了"意译"的处理，甚至对于整体的语言风格，都尽量做到能让每个年龄层的读者读起来朗朗上口。

这些语录当然也包含了一些听者的话。比如佛陀的弟子阿难陀等，很多佛陀的追随者，他们与佛陀之间的对话在本书中都有收录。

原本很多地方都应该标注，如"阿难陀""阿图拉""萨利普陀""奇萨古塔米"等佛陀弟子的名字，表明这些是他们说的话。不过，为了避免读者误以为这些弟子说的话与自己无关就跳过去不读，所有这些地方全部都用"你"，也就是以第二人称的方式统一称呼。因为编译者试图创造一种读者与佛陀对话的氛围。

关于佛陀语录的选定，编译者从大量的古籍经典中，特别选取了以短小精悍见长的语录宝库《小部经典》中所收录的《法句经》和《经集》，同时也从一些相对比较长篇的经典，比如《中部经典》《长部经典》《相应部经典》《增支部经典》等古籍中选取了部分语录。

这些语录几乎都是佛陀释迦牟尼向他的嫡系弟子以及出家修行者们传道的内容。如果将原文生硬地直译过来的话，对于我们这些普通的现代人来说，可能太难懂了，很多内容感觉不太容易接受。

为了更好地让这些经典语录以一种更浅显易懂的方式呈现在现代读者面前，在保留语录核心精髓的前提下，编译者对原文进行了大胆的删减，并融入了编译者自身的理解，甚至有些地方还做了替换调整处理。所以，这是源于经典同时又超越经典的编译。

日文版在编译过程中，参照了古印度和"摩揭陀"(Magadha，为古印度时代的奴隶制城邦)的方言巴利语的原文，同时参照了英文版和昭和初期出版的日文版《南传大藏经》，还参考了岩波文库所收录的中村元氏等人的译著。

关于本书的结构，日文版编译者根据个人的喜好选取了190个篇目，大致分为12个不同种类的主题。从第1章到第12章，前半部分章节的内容安排得相对比较轻松，人们可以对照日常的一些心绪小波动来进行翻阅。

现代社会，人心烦扰，尤其是各种"怒气"，就像毒素一样能在瞬间破坏我们的幸福感。在开篇第1章，安排的就是关于如何消除怒气的语录。倒不是说我们必须要从第1章开始读起，只是可以把第1章中的文字当作清洗"怒气"之毒的清流，洗涤您的心灵。

反之，后半部分越往后越是安排了一些有别于一般的世界观和价值观，挑战常识的内容。

我想说，有的时候适当地挑战一下常识，能清除我们心灵的污垢，让我们的心灵重新变得清澈纯净。

比如说，本书的最后一章，收集了佛陀释迦牟尼有关"死亡"的语录。

我们人类作为一种生物，体内的DNA（脱氧核糖核酸）原本就含有一种物质，让我们本能地希望"一切都能好好地一直活下去"。"想更好地活着，想更好地享受"，这是我们内心深处"常识"性的欲望，在这种本能欲望的支配下，我们会无意识地对妨碍我们自身生存利益的人和事不断地发起攻击。这就是人作为生物的一种本能。

"不管怎样都要活下去，不管怎样都要享受生活"，面对来自DNA的这一指令，如果能直面"我总归是要死的"这一严肃的真理，就能对浅薄的求生本能起到一种解毒剂的作用。当您将"人之必死"的观念铭刻在心的时候，自然而然地就会削弱来自DNA的本能支配力，就不会再一味地为了生存而不断地从他人手里剥夺利益并从中获得快感。

只有做到这点，我们的心灵才会不再像马车那样只会被迫地在马鞭的驱使下前进，而是能重新获得自由。也只有做到这点，我们才能真正找到踏实和安心的感觉，才能重新发现身边的小幸福。

在这个论述如何直面死亡的章节末尾，加入了长部经典《大般涅槃经》中佛陀释迦牟尼在80岁时，也正是他准备迎接死亡之际所留下的语录。在结尾处，编译了佛陀释迦牟尼给他的弟子们留下的遗言。

佛陀原名乔达摩·悉达多。他是释迦族的王子，所以也被尊称为释迦和释尊。本书末尾编译的内容正是佛陀释迦牟尼作为一个人，在临死之际留下的话。

其他方面值得一提的是，本书中编译的《经集》等古籍，有些地方对佛陀过于神化，很多语句看起来好像是要把佛陀当作教祖来祭拜。

类似的表现方式其实是有一部分人有意要在"佛教"这一组织集团中制造一个权威，是佛陀去世后他的弟子们伪造的，所以类似这样的鼓吹个人崇拜和神化佛陀的内容，本书都进行了删减。

佛陀生前一直告诫他的弟子们："千万不要过于依赖我，要根据你们自身的感觉来体会和判断。"如果真的是要忠诚于佛陀的话，那么重要的就不是如何去祭拜他，而是如何最大限度地去理解、去体会他的教诲并将其运用到自己的生活中。崇拜对方并不等于把对方当作依赖的对象，只要把佛陀当作2500年前来过这个世上的一位老师就好了。

临济禅师曾经说过："既不礼佛也不拜祖。"他的意思就是说要把心中那个想要崇拜佛陀的脆弱的自己消灭掉。

印度那片土地，有着火辣辣的阳光和严酷的生活环境。那个国家，不仅是佛陀的诞生地，自古以来数学和化学的研究也都很发达。佛陀之所以能留下这么多极富哲理又深谙心理学原理的语录，可能也和印度强烈的阳光以及有助于培育逻辑思维的风土环境有关。

相比之下，日本人比较冲动、感性，表现出喜欢安稳、保守的倾向。这种国民气质正是日本人容易患得患失、魂不守舍的元凶。将这种日式的潮湿心态放在古印度智慧的阳光下晾晒一下吧，畅畅快快地给心灵通通风，一定可以降低心灵的湿度，重新找到干爽舒适的感觉。

那么，接下来，就让我们轻柔地打开各自的心扉，一起走进与佛陀对话的世界吧！

小池龙之介

解读

来自佛陀释迦牟尼的智慧语录

目 录 | CONTENTS

1 莫生气

001 当你遭遇别人白眼时 002
002 当你触犯了别人时 003
003 当你听到有人说你坏话时 004
004 没有人不被说坏话 005
005 怒火中烧 006
006 从不断点燃的怒火中摆脱出来 007
007 不要去碰那道名为"愤怒"的菜 008
008 面对攻击,要善于学会巧妙地躲开 009
009 你和你的对手都难免一死,都终将从这个世界消失 010
010 不能说别人坏话的理由 011
011 不能折磨别人的理由 012
012 愤怒所造成的伤害 013
013 除了你自己,谁也无法真正伤害你 014
014 从愤怒的连锁反应中摆脱出来 015
015 如何给快感和不快的脑内麻药解毒 016
016 不要报复 017

017 不要怪罪对方，要学会审视自己的内心 018
018 戒骄戒躁 019
019 绝对不能交的朋友：最差劲的人 Part1 020
020 绝对不能交的朋友：最差劲的人 Part2 021
021 在不愉快的状况下，你还能做到淡定吗 022
022 真正有智慧的人 024
023 要战胜自己潜意识中不好的想法 025
024 要练习不管发生什么都能掌控住你的情绪 026
025 做心灵的安全驾驶者 028

2 莫攀比

026 自我陶醉式的吹嘘是没有听众的 030
027 成功之后的淡然一笑 031
028 当愚者取得点小成就时 032
029 忘掉彼此之分，就能获得幸福 033
030 无论是批判还是赞赏，都要当作耳边风 034
031 因他人的评价所带来的快乐与不快，都只不过是幻影 ..035
032 不要沉迷于快感的刺激 036
033 虚怀若谷 037
034 不要执拗于自己的想法 038

035 即使你的意见被认可了...039
036 意气用事只会徒增烦恼...040
037 不要和别人较劲..041
038 要学会灵活地转换思维...042
039 莫攀比..043
040 不要拘泥于胜负..044
041 远离竞争..045
042 要学会看人说话..046
043 不要陷入无谓的争论..047
044 不要贬低也不要赞扬，用客观的法则来评价.................048
045 两条路...050

3 莫强求

046 欲望的增强..052
047 欲望的转移..053
048 把欲望连根拔起..054
049 把空虚连根拔起..055
050 不要爱一个人爱到让自己无法自拔..............................056
051 不要恨一个人恨到让自己无法自控..............................057
052 溺爱的诅咒..058

053 比铁链更能束缚我们的是什么 059

054 被欲望所支配的思考会加深痛苦 060

055 切断欲望的蜘蛛网 061

056 停止胡思乱想 062

057 要关注自己所拥有的 063

058 从自身拥有中发现幸福 064

059 不要在"有"和"没有"之间动摇 065

060 不要被心中的欲望所牵绊以至于彷徨 066

061 为了自己和他人,不要吝惜财产的使用 067

062 欲望就是痛苦的根源 068

4 改变

063 你是迄今为止你心所想的集合体 070

064 一旦有了好的想法,就要马上实施 072

065 不要有消极的想法 073

066 如果你不懂因果法则 074

067 如果你在有生之年不会审视自己的内心 075

068 恶有恶报 076

069 善有善报 077

070 恶果的孕育是需要时间的 078

071 承受恶报的时候 079

072 最差劲的人 080

073 负能量有增无减 081

074 不要轻视负能量 082

075 勿以善小而不为 083

076 行动、语言和想法可以改变命运 084

077 善果的孕育需要时间 085

078 克服消极想法后的四大安心感 086

079 自作自受 087

080 没有伤口的手是不会感染的 088

081 命运是可以改变的 089

082 淡化恶果的方法 090

083 消极的行动、语言和想法，会制造不幸的人生 091

084 积极的行动、语言和想法，可以造就幸福的人生 092

5 慎择友

085 如果能遇到可以提升心灵的朋友 094

086 如果没能遇到可以提升心灵的朋友 095

087 和性格比自己好的人交朋友 096

088 结交性格不好的朋友还不如一个人走 097

005

089 真假朋友 Part1 098

090 真假朋友 Part2 099

091 真假朋友 Part3 101

092 真假朋友 Part4 103

093 索性一个人清静 104

094 只说不做的人不是真朋友 105

095 总是说空话套话的人不是真朋友 106

096 借钱不还的人绝不能做朋友 107

097 真正的朋友不会对你指手画脚 108

098 要和心智健全的人一起生活 109

099 当你想要对朋友说出埋藏在心中的秘密时 110

100 有的时候，朋友疏远你也是件好事 112

101 给你指明财源的人 113

102 选择和什么样的人在一起 114

6 幸福的秘密

103 不要太在乎你已经拥有的 116

104 不要太在乎你已经取得的成果 117

105 不要太在乎吃的 118

106 不要太在乎睡觉的地方 119

107 不要对下一代过于强求 120

108 不要对同事过于强求 121

109 不要对金钱过于强求 122

110 要和优秀的人在一起 123

111 要住在符合自己身份的地方 124

112 安心 125

113 掌握一技之长，并能贡献于人 126

114 气质是需要假以时日才能养成的 127

115 要珍爱家人 128

116 要战胜吝啬的自己 129

117 要有命运意识 130

118 控制自己的言行 131

119 满足的喜悦 132

120 历练心灵的喜悦 Part1 134

121 历练心灵的喜悦 Part2 135

122 无论是顺境还是逆境，都要保持好心情 136

123 无论何时何地，都要懂得珍惜幸福 137

7 了解自己

124 自己总是不容易发现自己的缺点 140

125 审视自己的内心 141

126 追求自由之身的人 142

127 热衷于说别人坏话的理由 143

128 热衷于娱乐和废话的理由 144

129 必须要戒酒的理由 145

130 到底是什么在折磨你 146

131 消灭烦恼 147

132 做自己心灵的主人 148

133 如何保持日常心态的稳定 149

134 选择安逸之路的人 150

135 选择困难之路的人 151

136 佛陀教诲之精髓 Part1 152

137 为了佛陀的弟子们 153

138 佛陀教诲之精髓 Part2 154

139 学会把烦恼烧光 155

8 凝视自己的身体

140 身体是脆弱得不堪一击的城墙 158

141 身体能做的其实很简单 159

142 只关注身体表面是愚蠢的 160

143 感受身体内部的变化 161

144 看看现实中的身体 162

145 缓解体内的恶 163

9　走向自由

146 不能轻易相信的 10 种状况 166

147 对快感的依赖，正是痛苦之源 168

148 不要过度依赖神灵世界的人和事 169

149 人心是最难驾驭的 170

150 让你的心摆脱束缚走向自由 172

151 从情绪的波动中摆脱出来才能获得真正的自由 173

152 从知识中解放出来才能获得真正的自由 175

153 从别人的评价中摆脱出来才能获得真正的自由 177

154 从快感和痛苦中摆脱出来获得自由 178

155 不要过度依赖佛陀的教诲 179

156 名为空的自由 180

10　学习慈悲

157 如果你过去犯过罪行 182

158 所有的生物都不想死 183

159 要知道所有的生物都和你一样，是自私的 184

160 绝对不能做的买卖 185

161 所有的生物都是稳定的 186

162 要学会对所有的生物都怀有一颗慈悲的心 187

163 温柔地对待自己的周遭，不要有所区分 188

164 除了睡觉以外，请时刻以慈悲为怀 189

11 领悟

165 不会再有来世 192

166 要把所有的执念都抛在脑后 193

167 不要被小小的嗜好所束缚 194

168 用坐禅来扑灭心中之火 195

169 把心思专注于此时此刻 197

170 世间万物都是在摇摆和移动中变化 198

171 诸行无常 199

172 诸法无我 200

173 一切行苦 201

174 痛苦是神圣的真理 202

175 怨憎必苦 203

176 爱就要忍受离别之苦 204

177 求不得之苦 205

178 五蕴盛苦 206

179 痛苦产生的过程 207

180 关于痛苦元凶的神圣真相 209

181 消除痛苦的神圣真理 210

12 直面死亡

182 人总有一死 212

183 如果你死了 213

184 死时唯一能够带走的东西 214

185 有关死的冥想 215

186 人难免一死 216

187 死是自然而然的 217

188 世间不存在永远 218

189 遗言 219

佛陀的生涯之"超"精粹 221

后记 237

和你的情绪聊聊天

1

莫生气

001
当你遭遇别人白眼时

当你的对手或敌人对你翻白眼时,如果你因此而郁闷并且萎靡不振的话,你的对手或敌人看到后就会幸灾乐祸。

所以,真正懂得"得失真谛"的人,不管遭遇多少白眼,都能始终保持一颗平常心,不叹气、不抱怨,一如既往地稳重踏实。而当你的敌人看到你轻松愉悦的表情时,就会感觉很失落,甚至卑怯得不知所措。

如果你想回应你的敌人或对手,最好的方法就是不管对方针对你做了什么、说了什么,你都不生气,始终保持爽朗的微笑和沉稳的姿态,你只需要做到这点就够了。

002
当你触犯了别人时

如果你触犯了一个你本来就不太喜欢的人,你还在想:"至于生那么大气吗?"甚至为此觉得很恶心、很生气时,你就已经因怒气而结出恶果了。

面对正在生气的人,只有和和气气地去处理,才有希望融化坚冰,解决问题。

当你触犯了别人,惹怒对方时,你最先应该做的是,留意一下自己是否已经被对方的怒气所传染。必须先要意识到这点并努力让自己平静下来。

这种方式无论是对自己还是对对方,都是最好的心灵疗伤法。

当你平静地接纳对方的怒气时,各自的怒气都会得到平息,彼此都能获得最好的慰藉。

003
当你听到有人说你坏话时

当你听到有人说你坏话并且因此而感觉很受伤时，最好能想开点。坏话不是现在才有的，坏话是从原始社会开始一直都存在的。

文静寡言的人，会被说成"像个呆子"，而能说会道的人会被指责成"油嘴滑舌"，就连注重礼节说话毕恭毕敬的人也有可能被说成"别有用心"。

004
没有人不被说坏话

在这个世上,任何一个人,都必定会在某些地方触犯到别人。被别人说坏话是理所当然、在所难免的。这一点,从古至今乃至将来,永远都是理所当然并且无法回避的事实。所以,当你听到有人说你坏话时,就只当作耳边吹过一阵凉风好了。

005
怒火中烧

"那个人老是说我的坏话。"
"那个人刺痛了我的心。"
"那个人悄悄抢占了我的功劳。"
"那个人侵犯了我的利益。"

如果你总是如此这般,不断点燃心中的怒火,随时随地都在不断地重复类似想法的话,那么你心中的怨恨就会一直无法平息,一想起来就生气,于是,你的心就将永远不得安宁。

006
从不断点燃的怒火中摆脱出来

"那个人批判了我的想法。"
"那个人伤害了我的自尊。"
"那个人在比赛中打败了我。"
"那个人盗用了我的想法。"

不要再去为这些鸡毛蒜皮的小事不断点燃心中的怒火了,只有从这样的情感反复中摆脱出来,才能平息心中的怨恨,才能最终获得心灵上的安宁。

007
不要去碰那道名为"愤怒"的菜

一起来想象一下,你为了宴请至交,亲手准备了一道道精美的菜肴。可是,不巧的是,他们都因为临时有事,刚到就匆匆忙忙走了。于是,你家的餐桌上,剩下了一大桌子装在盘子里连筷子都没碰过的菜肴。人去楼空,只剩下你一个人独自品尝。

其实,当有人要攻击你,要惹你生气时,就如同这个人为你准备了一大桌名为"愤怒"的有毒的菜肴要宴请你一样。如果你能保持冷静,和和气气地去赴宴的话,就可以不去碰那道名为"愤怒"的菜,只露个脸就直接回家。于是,在还生气的对方的心里,留下一大桌你压根儿没有动过筷子的有毒的菜肴。对方就只能独自品尝这一道道名为"愤怒"的菜了。

008
面对攻击，要善于学会巧妙地躲开

当你遭遇别人的攻击时，如果你也同样予以回击的话，你俩心中的怨恨非但无法平息，甚至会通过相乘作用，让怒火越烧越旺。事态将会无限地恶化下去。

所以，即使你遭受了攻击，也要抱着"总有一天，怨恨会消除"的心态，巧妙地躲开，只有这样才能平息彼此心中的怨恨，让事态尽快平息下来。

这一点是需要时时刻刻铭记在心，放之四海而皆准的真理。

009
你和你的对手都难免一死,都终将从这个世界消失

如果你和别人产生了敌对情绪,随时都有可能发生争执的话,你可以尝试一下这样去想:无论是你还是对方,最终都会难免一死,最终都注定将从这个世界消失。

虽然除了你自己以外,其他人都已经完全忘掉了"人之必死"这一真理,但只要你自己能清清楚楚地意识到这一真理,所有的愤怒和争执都终将会平息。

"不管怎么样,你终将从这个世界消失;不管怎么样,我也终将离开这个世界。所以……那么……还是……"于是,你就可以摆脱愤怒,重新获得心灵的平静了。

010
不能说别人坏话的理由

人的嘴里天生就长着锋利的斧头。这把斧头在伤害别人的同时,也在不知不觉中伤害着自己。

因为每当你挥舞起那把指责别人、说别人坏话的斧头准备砍下去时,与此同时,你的心脏也在变得僵硬,你的大脑也在产生不愉快的刺激,甚至你的内脏也开始分泌毒素,你的呼吸里面也已经开始掺杂怒气了。

011
不能折磨别人的理由

你是不是有时候也会想通过折磨别人来为自己解压，并从中获得快感呢？

比如说，当恋人问你"下一次何时能见面"时，你可能会故意回答："那就不知道了。"看到对方陷入不安的情绪，表现出痛苦失落的表情时，你会产生一种优越感。

比如说，你可能会故意长时间无视同事发来的委托邮件，故意给对方制造麻烦，通过类似的恶作剧给自己带来快感。

一旦养成这种通过折磨别人来获取快感的习惯，愤怒就会在你的心中不断蓄积，你就会陷入消极思考的牢狱中，以致无法自拔。

012
愤怒所造成的伤害

一定要做这样的练习,不管对方是谁,都要忘掉愤怒,不要说出任何带有攻击性的语言。

一旦你抛出带有攻击性的语言,就会收到报复的炸弹。比如,当你说出"我最讨厌你的唯唯诺诺、优柔寡断"之类最能刺痛对方痛处的话时,你的愤怒也会传染给对方,对方也会说出一些你最不想听的话来报复你。比如,他会反击:"你才是没有主见只有奴性的家伙!"

这种因一时兴起而随意说出的气话,被说的一方就不要再回击了,即使是从你嘴里说出来,也会刺痛你的心,让你身心俱疲。

013
除了你自己，谁也无法真正伤害你

如果讨厌你的敌人对你采取了一些过激的行为，这其实没什么大不了。如果憎恨你的人一而再，再而三地骚扰你，惹你生气，这其实也没什么大不了。因为当你自己的心灵被愤怒所扭曲时，你自身给自己所带来的伤害会远远超过这些来自外界的伤害。

014
从愤怒的连锁反应中摆脱出来

"受不了啦,太过分啦!"如果愤怒已经开始在你的心中蔓延,那么此时你的大脑内部已经开始分泌神经毒素,你的体内已经开始发生毒性的变异了。就像毒蛇咬了你的脚,毒素就会迅速在你的体内蔓延一样。只有镇定地去找草药,并尽快上药,才能消除毒素,得以安心保命。

在你的心中不断发酵的愤怒的毒素,只有擦上冷静的草药才能慢慢消散。

这才是真正能保全性命的做法。

摆脱了愤怒的你,就好像从痛苦的生存连续剧中,实现了一次优雅和轻快的转身。

就像蛇之蜕皮,金蝉脱壳,脱胎换骨,获得重生。

015
如何给快感和不快的脑内麻药解毒

世间所有的争执和仇视,令人厌烦的争吵,这一切会发生的元凶,无非就是你的大脑内部所合成的快感物质与不快物质所产生的麻药。

换句话说,就是当你看到比自己优秀的对手时,你的头脑中就会立马喷射出不快乐的脑内麻药,你就会莫名其妙地很想贬低对方。

而当你看到自己有获胜的希望时,就会沉浸在一种优越感中,头脑中开始喷射产生快感的脑内麻药,你就会莫名其妙地变得自以为是。

如果你能让你的大脑喷射出一种解毒剂,可以抑制"快乐"与"不快乐"的神经反射的话,你就可以更好地远离世间所有的争执与纷扰。

016
不要报复

如果你一时忘了心灵的防御,听了一些让自己痛心的话,并因此感觉很受伤、很郁闷的话,千万不要用一些带刺的话来报复对方。

因为你需要的是凝视你自己的内心,而诸如与他人敌对之类的事情完全没必要挂在心上。

017
不要怪罪对方，要学会审视自己的内心

即使你发现了别人的"恶"，你也没必要为此怒火中烧。对方是故意的也好，是撂挑子也罢，这些都没必要去斤斤计较。取而代之的是，你需要把视线转移到自己的内心上，你要学会好好审视自己的内心。你要问问你自己："我是不是故意的，有没有撂挑子？"

018
戒骄戒躁

怎样才能彻底摆脱愤怒的恶魔?

"我很了不起。"

"我值得获得赞赏。"

"我的品位是超群的。"

"我受重用是理所当然的。"

正是因为你的内心深处潜藏着这些自高自大的想法,所以当你要面对残酷的现实时,你就会被不满和愤怒所支配。你要发现你潜意识中这些自高自大的想法,并把这些想法统统都扔掉,也就是戒骄戒躁。只有当你跨越了所有精神层面的栅栏和牵绊时,你的身心才会不再受任何束缚,你也就不会再被愤怒所折磨。

019
绝对不能交的朋友：最差劲的人 Part1

脾气暴躁，动不动就大动肝火的人；记仇，对仇恨念念不忘的人；想要隐藏自己缺点的人；善于伪装，人面兽心的人。你要记住，这些人是最差劲、最下贱的人，千万不能和这样的人交朋友。

020
绝对不能交的朋友：最差劲的人 Part2

对自己的父母、兄弟姐妹、配偶以及配偶的父母，这些身边最重要的人，表现出嫌恶的态度，甚至恶语中伤的人；在外面扮演好人，在公司和学校里装绅士淑女，到了家里就完全是另一副嘴脸的人。你要记住，这些人是最差劲、最下贱的人，千万不能和这样的人交朋友。

021
在不愉快的状况下，你还能做到淡定吗

我想给你们讲讲这样一个古老的传说：

从前，有个叫贝蒂西卡的富婆，她周围的人都夸她是个"脾气好且又温柔又冷静的人"。

她雇了一个名叫卡里的仆人。有一天卡里忽然有了这样一个想法："大家都夸我的主人脾气好，是因为其实她内心深处已经生气了，只是她表面上不表现出来呢，还是因为她的内心真的纯净得没有一丝怨恨和愤怒？到底是哪一种呢？我想试一试。"

于是，卡里故意很晚起床，比平常晚很长时间才开始干活儿。

贝蒂西卡很生气，问他："你迟到是怎么回事？""没什么，主人。"卡里回答。于是，贝蒂西卡更加生气了，

她大声呵斥："你都迟到了还说没什么，真是太自由散漫了。"她怒火中烧，居然举起铁棒向卡里的头部砸去。卡里被打得头破血流。

这个实验的结果表明，贝蒂西卡只是在没有任何不愉快的环境下，在身心都舒畅的时候，才是一个既温柔又脾气好的人。

如果你在不愉快的状况下依然能够做到不发脾气，和和气气地淡定应对，那你才是真正的"脾气好，又温柔又冷静的人"。

022
真正有智慧的人

当恋人和朋友都骂你不可靠时,当敌人骂你浑蛋甚至过来动手动脚时,如果你依然能不生气、不动怒,始终保持一颗平常心,冷静地去应对,你真的具备如此深厚的忍耐力,那么,你就具备了可以与军队匹敌的强大实力,你就是真正有智慧的人。

023
要战胜自己潜意识中不好的想法

如果你能把"莫生气"当作武器,如果你能把"一颗积极向上的心"当作武器,你就能战胜自己潜意识中的"那颗消极负面的心"。如果你能把"分享"当作武器,你就能战胜自己潜意识中的"小气"。如果你能把"只说实话"当作武器,你就能战胜自己潜意识中的"谎言"。

024
要练习不管发生什么都能掌控住你的情绪

想象一下,如果你的敌人抓住了你,他们想要切断你的四肢,你的手和脚应该会感到剧烈的疼痛。无论是来自手还是来自脚的疼痛,肉体的痛苦通过神经就像传送数据一样传送到你的大脑里。这些来自身体上的痛苦的数据,会在你的心中引起强烈反应。

如果此时你心中的怒火被点燃了,也就是说你的心里产生了抵触和抗拒的情绪,那么,你还需要做这样的练习:不管发生什么,你都能掌控住你的情绪,你的心都能保持不动摇。千万不要被自己的怒气所支配,以至于说出不妥当的话。千万不要大动肝火,不要大发脾气,你要练习,即使在自己最讨厌的人面前,也要做到用一颗温柔的同情心去对待他。慈悲为怀,即使是面对自己嫌恶的人，也要尽量去满足他。你要练习，力求做到对所有的生物都能慈悲为怀，尽自己的全力去满足他们。

025
做心灵的安全驾驶者

就像坐上一辆正在狂奔的汽车一样,你需要通过紧握方向盘来巧妙地保持平衡。如果你能保持一颗平常心,如果你能驾驭且控制自己的情绪,我就可以称你为"心灵的安全驾驶者"。

如果你无法驾驭并且控制自己的情绪,

如果你只是呆呆地握住方向盘,

那你就还不是一个成熟的司机,你早晚会翻车的。

和你的情绪聊聊天

2

莫攀比

026
自我陶醉式的吹嘘是没有听众的

我有多么多么努力，我取得了多大多大的成就，我认识了多少多少名人，我从事的工作有多么多么风光体面。当没有人问你这些的时候，不要老是自我陶醉式地吹嘘、晒幸福。在优秀的人眼里，类似的吹嘘等于"浅薄"，身边的人只会对你敬而远之。

027
成功之后的淡然一笑

如果你的心已经足够沉静、淡定,你就不会到处夸耀自己的付出和成就。如果你在每一次成功之后,都能淡然一笑,泰然处之,在优秀的人眼里,你就是一个心灵纯净的人。大家都会羡慕你、崇拜你。

028
当愚者取得点小成就时

那些愚蠢的人,稍稍取得点小成就,就会迫不及待地说:

"我太了不起了!"

"我要赢得更多的尊敬。"

"我要树立自己的威信。"

"我要一大群人伺候我,成天围着我转。"

这就是物欲横流和内心浅薄的表现。

"我要让所有人知道我的成就。"

"我要让所有人都听从我的指挥。"

在这种极其幼稚的物欲的支配下,愚者的欲望和傲慢都将急速膨胀,一发而不可收拾。

029
忘掉彼此之分,就能获得幸福

"这个想法是我的原创。"

"这个点子是那个人想出来的,我输了。"

"这个建议是那个家伙提出来的,不用搭理。"

一旦你陷入这种狭隘的思维模式里,你的心灵就会在"你、我、他"之间备受折磨。"自己的""别人的"。当你忘掉这两个词时,即使一无所有,你的心也依然能一直幸福下去。

030
无论是批判还是赞赏，都要当作耳边风

无论是受到别人的责骂和批判，还是得到别人的尊敬和赞赏，都要当作耳边风，保持一颗平常心。当别人责骂你"为什么连这点小事都做不好"时，当你的内心深处开始掠过一丝自卑时，你要保持你的自信，相信总有一天你会做到的。当别人表扬你"真是太了不起了，真不愧是……"时，当你的内心深处快要被骄傲和优越感占满时，你要保持清醒，相信这只不过是多年努力的结果而已。

031
因他人的评价所带来的快乐与不快,都只不过是幻影

不要因为受到他人的批判和负面评价而产生自卑感。也不要因为受到他人的褒奖和赞赏而产生优越感,自高自大。

因他人的评价而产生的快乐与不快,只不过是大脑内部的幻影而已。所以,不要成天渴求得到别人的褒奖,也不要因为被贬低而生气。

032
不要沉迷于快感的刺激

当我们受到褒奖时,大脑内部会产生一种令你感到心情舒畅的快感物质。一旦沉溺于这种快感反应,你就会陷入一种快感的中毒症状。只有当你摆脱这种中毒症状时,你才能真正做到不以物喜,不以己悲。你就不会仅仅因为得到一两句褒奖而表现出高傲的姿态。

当你不再追求快感的刺激时,你的心态就会变得非常平和。你就能做到不管遇到什么情况都能随机应变,应对自如。

于是,你的心就可以变得非常沉静淡定。你不再需要去信奉特定的宗教或人,你甚至不再需要做各种努力来让自己的心镇定下来。

033
虚怀若谷

"我是不是很了不起?"很多人都有类似的自高自大的想法。有的人嘴里不说,但他的态度和处世方式依然能显露出他内心深处的傲慢和自大。

有的人总是自以为是,总是沉浸在自己的世界里,喜欢自吹自擂。这些都是心灵不够成熟的表现。只有让自己的心灵成长,才能避免成为一个傲慢的人。傲慢会在不知不觉中不断膨胀,总有一天会因为无意中说出的一句话而伤害到别人。所以,一个成熟的人,务必要虚怀若谷,戒骄戒躁。

034
不要执拗于自己的想法

不要总是执拗于自己的想法。总是到处宣扬自己的想法有多好多好的人，必定会受到周围人的排挤和批判。即使有少数人认可你、赞赏你，大家也还是会因为觉得你不好交往而对你敬而远之。

035
即使你的意见被认可了

当你在他人面前表明了自己的意见和主张并且得到赞扬的时候,你那种自以为是的优越感就会受到刺激。如果你因此而兴奋不已的话,你就会逐渐形成傲慢的性格。

036
意气用事只会徒增烦恼

意气用事只会在不知不觉中增加你的烦恼。如果你一意孤行,强行按照自己的意志去做事的话,即使成功了,你也只会变得越来越意气用事。而如果一意孤行最终导致失败的话,你就会懊悔不已,烦躁不安。总之,不管最终成败与否,意气用事只会徒增烦恼,让心灵变得混浊。当你明白了其中的道理时,你就不会再一意孤行,强行按照自己的意志去做事了。

037
不要和别人较劲

当你得到别人的褒奖时,大脑内部会不断分泌出能带来快感的物质。但这种快乐是非常短暂的,瞬间就会消失。所以,这种快感只能带来瞬间的自我安慰,却无法带来内心深处真正的安心感。

和别人较劲只有两种结果,遭人讨厌或者因受到褒奖而获得瞬间的自我安慰。

当你明白这一法则之后,你就会明白:要想获得内心真正的安宁,就不该和别人较劲了。

038
要学会灵活地转换思维

每个人都有自以为是、执拗于自己的意见的时候。每个人都有听不进别人的意见和忠告的时候。所以，要有意识地训练自己，学会突破自己的固有思维，时时刻刻都能灵活轻松地转换思维。

039
莫攀比

不要总是陷入攀比的怪圈，觉得现在的自己"比那个人更优秀"或者"比以前的自己更成功"。也不要总是觉得现在的自己"过得不如那个人"或者觉得"自己过得一天不如一天"。更不要总是觉得"自己和那个人差不多"或者"这么多年来自己一直在原地踏步"。

当你被问到涉及自身自尊的问题时，不要想太多，不要让自我意识过度膨胀，以至于让自己产生任何的优越感或者自卑感，只管冷静客观地回答就好了。

040
不要拘泥于胜负

"又是平局。"

"还是我技高一筹!"

"我还是不如人家啊。"

当你不管面对什么事情,都被这三种思考模式所支配时,你就会不自觉地想方设法去找各种借口,来试图在嘴上说赢对方。比如你会说:"因为你在我的工作过程中打扰了我,把我的思路全打乱了。"你试图通过这种狡辩来守护自己廉价的自尊。于是,你和对方都会感觉很不爽。

"平局"也好,"胜败"也罢,当你无视这些,完全不把输赢放在心上时,你就不会再意气用事,也不会再陷入无休止的争吵中,可以一直保持心态的平和。

041
远离竞争

争夺、竞争、决战。没有一个人能从中获得幸福。胜利者得到的是来自对手的仇恨，失败者得到的是压力和沮丧。因此，真正经历过心灵磨砺的人，不会在意胜败。不骄不躁，不卑不亢，只管悠然幸福地度过一生。

042
要学会看人说话

说话要根据对方的知识水平和接受能力来灵活地调整语言。不要拘泥于原文中那些生僻晦涩的词语。比如说："实际存在的无止境的动摇性是按照超越论的构成的同一性来回收的必然。"这种哲学语言，除了资深哲学家以外，谁听了都会感到莫名其妙。比如说："这种商业模式中的解决方案能系统而又优雅地调动你的积极性。"这种商务语言，除了商界精英，谁听了都会不知所以然。同样，晦涩的佛教语言，除了精通佛经的人，谁听了都会感觉一头雾水。所谓看人说话，不仅是要照顾不同地方人的方言和口音，还要尽量回避生僻晦涩的专业用语，才能做到沟通顺畅。

043
不要陷入无谓的争论

自以为是的人，一般都喜欢挑衅。他们总是说："只有我的想法是真理，你肯定是错的，你的想法肯定是行不通的。"当你接到类似的挑衅时，不要中招，不要和他陷入无谓的争论。你最好对他说："是啊，原来也可以这样想，你的想法我明白了。"

当对方表现出敌对情绪，甚至开始纠缠不休时，你最好对他说："不好意思，这里没有人对你有敌意，也没有人想要跟你吵架。"当你不再执拗于自己的想法时，就可以减轻无谓的争论所带来的痛苦。

044
不要贬低也不要赞扬，用客观的法则来评价

不要通过赞扬或者贬低别人来刺激他的自尊心，使对方心绪混乱。

最好的方法是给对方一些建设性的客观意见。比如说："如果能这样做，就更好了。"

比如说，面对冥想修行的人，如果对他说："这种欲望会使人变蠢，类似的冥想法只会让你陷入痛苦的深渊。"这就是一种贬低，会让对方感到惶恐不安。

如果换种说法，告诉对方"你不会被欲望所控制，你的冥想法相当正确，所以你能远离痛苦"。这就是一种赞扬，会让对方感到心花怒放。

如果你既不贬低也不赞扬，而只是很单纯地说："不受欲望支配的冥想才会远离痛苦，才是最正确的。"这就

是一个很简练而又很客观的法则。

　　学会用这种方法去评价别人，于人于己都大有裨益。

045
两条路

一条路是追求名利的路,这条路注定要忍受纠结和痛苦。还有一条路是通往内心平和的真理之路。你要放下世俗的评价和名声,在孤独中探求自己内心深处真正所需要的。

和 你 的 情 绪 聊 聊 天

3

莫强求

046

欲望的增强

一个人如果忘记了审视自己的内心,心中的各种欲望就会在不知不觉中不断膨胀。"我想要,我觉得还不够,我还要更多更多"等各种欲望的渴求,在追逐的过程中愈演愈烈。就像森林中为了寻找香蕉而不断地在每棵树之间跳来跳去的猴子,你的心也会变得飘忽不定,到处游荡。于是,你的有生之年都将会在无休止的动荡中度过。

047
欲望的转移

即使砍倒了树枝树干,只要还有强壮的树根,也终将再次迎来枝繁叶茂的时候。

同样,侵蚀过你心灵的欲望,如果足够强烈的话,即使获得了暂时的满足和安定,也终将继续生根发芽,不断生长,让你再次因不满而空虚,因空虚而痛苦。

比如说恋爱中的人,当他说"为什么今天不能见面"时,其实就是一种欲望的表达。

不过,即使对方马上满足了这一要求,两人见面了,紧接着,他还会问:"为什么不好好听我倾诉呢?"这就是欲望的转移。

048
把欲望连根拔起

我想告诫你,你要是想获得幸福的话,就要把潜藏在你内心深处的那些欲望,诸如"我想要,我觉得还不够,我还要更多更多"之类的欲望,统统连根拔起。

就像那些要从香草中提取香料的人需要把香草连根拔起一样,你需要把那些欲望之草彻彻底底地连根拔起。

否则,痛苦的恶魔就会时不时地骚扰你,你的心随时都会乱了阵脚。

049
把空虚连根拔起

空虚这种情绪，就像癌细胞一样会到处转移扩散。你以为你已经填补了，很快就又会感到不满足。为了掩饰这种空虚感，你会任性地不断去寻找各种名义上的理由，"我想要那个"，"我想找一份更体面的工作"，"我想获得更多的尊敬"……你会被这些欲望所折磨并且一次又一次地陷入痛苦。

如果你能意识到那些不断膨胀的欲望都是因空虚而起，你就会举起理性的铁锹，把作为欲望之根的空虚感全部拔除。

050
不要爱一个人爱到让自己无法自拔

不要爱上一个让自己无法自拔的人,因为一旦对方想要离开你,尤其是到你要彻底失去对方的那一天时,你注定要痛彻心扉。

如果你能从爱的渴求中解放出来,你的心就不会再受到任何束缚,从而迎来彻彻底底的自由。

051
不要恨一个人恨到让自己失控

"无论如何我现在就想马上见到你,否则我就会痛苦万分。"爱一个人绝对不能爱到这种让自己无法自拔的地步。

"那个人简直是个连最低限度的常识都不懂的最下流最差劲的人。"恨一个人同样绝对不能恨到这种让自己失控的地步。

当你因为爱上一个人而无法自拔时,你就会时常被痛苦所折磨。而当你因为恨一个人而失控时,你的生活就将除了仇恨还是仇恨。

052
溺爱的诅咒

对待家人、恋人以及部下等身边的人，如果过于宠爱，对方就会觉得，反正你很重视他，你就应该对他怎样怎样。而这种任性的欲望，大多数时候都会因为得不到满足而发展成抑郁。

当爱演变成过度依赖时，就会产生不安和恐慌，不停地猜测彼此是否真的会一如既往地重视对方。也就是说，溺爱是抑郁和恐慌的根源。只有从溺爱的诅咒中解放出来，你才会远离抑郁和恐慌。

053
比铁链更能束缚我们的是什么

即使你被铁链锁住,即使你被困牢笼,即使你全身被五花大绑,这些都不是最强有力的束缚。对自己所赚钱财的支出分配,自己不断膨胀的购物欲望,对自己下一代的期许,对自己合作伙伴的要求等,在智者眼里,所有这些强烈的支配欲才是真正强有力的束缚。这些束缚,看上去似乎很松,但实际上却越收越紧,让你根本无法逃离。

你只有从这些浅薄的欲望中解放出来,才能彻底切断这些束缚,获得自由。

054
被欲望所支配的思考会加深痛苦

当你被欲望所支配,考虑得过多时,你就会因为一叶障目,而变得目光短浅。

因为欲望所支配下的思考,会产生巨大的压力,而一旦你把这些思考结果正当化,你的空虚感就会再度膨胀,你的痛苦将会继续加深。

055
切断欲望的蜘蛛网

"你要好好理解我的想法。"

"你再仔细看看。"

"你再重新考量一下。"

"你要更加好好地爱我。"

当你的大脑被这些自以为是的任性的欲望所充斥时,就像蜘蛛织网一样,你被自己吐出来的丝所束缚,以至于痛苦得快要窒息。

你只有举起智慧的武器,切断这个蜘蛛网,你才能丢弃痛苦,悠然地向前跨步。

056
停止胡思乱想

可以用坐禅的方式打断持续的胡思乱想,把你从"空虚"这一恶魔般的束缚中解放出来。

其实你一直所执着追求的,你自以为是的快感,不过是错觉而已。只有当你认清一切皆空时,你才能打破"空虚"这一恶魔般的枷锁,继续前进。

057
要关注自己所拥有的

如果你从不关注你所拥有的,而只是一味地关注他人所得;如果你总是艳羡和向往别人所拥有的,那么,你内心的安宁就会变得支离破碎。

058
从自身拥有中发现幸福

不管你手中所拥有的东西多么微不足道,只要你能从中发现幸福,你就会因知足而充实,你的心就会变得纯净清澈。而纯净清澈的心灵,就是一个人最大的魅力。

059
不要在"有"和"没有"之间动摇

如果你对自己头脑中所浮现出的想法和自己所拥有的一切,都不愿意轻易放手的话,你反而更难抓住。

没有得到褒奖,没有得到爱,没有得到承诺的兑现。不要为这些"没有"而叹息。

如果你不拘泥于你已经拥有的,也不叹息你所没有得到的,你的心就会变得无比开明豁达。

060
不要被心中的欲望所牵绊以至于彷徨

你可以通过冥想来提高专注力,尝试着去关注和凝视你的内心世界。

不要被物欲牵着鼻子走,在喜欢的事物之间来回游荡和徘徊。试着把心思集中到一点上面。当一个人饥肠辘辘、口干舌燥时,看什么都会觉得好吃。不要因为饥不择食而误食滚烫的铁棒,以至于在惨叫和痛哭中收场。

061
为了自己和他人，不要吝惜财产的使用

空无一人的荒地里，即使有一汪清水，也会因为没人来喝而最终干涸。一个被物欲支配的人，一不小心成了有钱人，因为过于吝啬，既不把钱花在别人身上，也不舍得在自己身上花钱，这些钱财在他死后就会变得毫无意义。

真正有智慧的人，不管是对他人还是对自己，都不会吝惜钱财。他会在消费中愉快地度过一生。

062
欲望就是痛苦的根源

人的内心深处所潜藏的欲望,是个无底洞。即使天上下一场金钱雨,也无法满足人的欲望。

岂止是不满足,每当人的快感产生之后,很快就会陷入空虚和痛苦。为了缓解这种空虚和痛苦,就又会对新的事物产生欲求,于是,欲望就会接踵而来。

欲望实现的那一刻,脑内所获得的快感反应,只不过是瞬间的快乐而已。之后马上就又会陷入空虚和不安中了。

当你体验到"欲望就是痛苦的根源"时,你就不会再去不停地追求所谓的最高的快感。

和你的情绪聊聊天

4

改变

063
你是迄今为止你心所想的集合体

你是这样一个存在，你所思考过的，你所感受过的内容，逐个地在你的心中积蓄叠加，最终成就的结果就是现在站在这里的你。也就是说，你就是迄今为止你心所想的集合体。

如果你感到不开心，负能量就会在你的心里留下烙印，于是你就会变得不开心；如果你感到很温暖，正能量也会在你的心里留下烙印，于是你就会变得温暖。

人就是这样，根据内心的所思所想，一点一点地发生变化。所谓相由心生，人的一切都源于内心所想。因此，当一个人的内心充满负面情绪时，当一个人总是说一些怨天尤人的话时，内心的负能量就会导致一些负面行为的发生。于是，他就不可避免地要承受压力和痛苦。而当一个人心怀一颗温柔的心，经常说一些肯定的话，习惯采取一些积极的行动时，他自己也终究会收获平和与安宁，就像影子总是会紧紧跟随你的脚步一样。

064
一旦有了好的想法,就要马上实施

当你沉下心来,特别想要做某一件事情时,最好马上就去实施,这样才能把善的能量镌刻在心里,以此来防御消极的想法侵蚀你的心灵。

因为既然好不容易有了想做点正事的念头,如果拖拖拉拉不开动,消极的想法马上就会侵入。比如说,当你有了想要今天就做个大扫除的念头时,如果不马上开动,而是先游玩一阵的话,你的心思很快就会发生变化,你就会觉得"哎呀,今天没时间了,算了吧"。这时,负面的能量就已经开始在你心中积蓄了。

065
不要有消极的想法

当你陷入消极的想法时,你就会消极地去说话,去行动。一定不要让这种消极的想法形成恶性循环。要注意,消极会成瘾,千万不要被消极情绪所毒害。当消极的能量在你心中开始积蓄时,你的痛苦只会有增无减。

066
如果你不懂因果法则

当你准备上床睡觉时，如果你的内心已经被积蓄的负面情绪和负能量所支配，负面的想法就会在你的脑海中不停地来回翻滚，以至于你彻夜无眠。如此焦躁不安的夜晚，将会变得无比漫长。

如果你精神上已经觉得疲于奔命，你就会觉得通往目的地的道路无比漫长。

如果你至死都不明白因果法则，即使你的生命重来，痛苦依然会如影随形，长久相伴。

067
如果你在有生之年不会审视自己的内心

不会审视自己内心的愚者,如同把自己当作敌人一样,不停地折磨自己,人生的每一步都迈得很痛苦。这样的人,总有一天,他会因为积蓄了太多的负能量而迎来自我毁灭。而他自己却正浑然不知地一步一步走向灭亡。

068
恶有恶报

事后感到悔恨交加,觉得"当初不这样做就好了",类似的忏悔行为只会在心中不断积蓄负能量。而一旦这种负能量在心中孕育成熟,就要用泪水去承受痛苦的恶果了。

069
善有善报

如果不做那些会让自己悔恨交加的事情，就能在心中不断地积蓄正能量。而一旦这种正能量在心中孕育成熟，就能收获充实快乐的心境。

070
恶果的孕育是需要时间的

新鲜的牛奶发酵凝固成酸奶,是需要时间的。同样,你心中的负能量不断积蓄,不断孕育恶果的过程就像定时炸弹一样,也是一个需要时间积累的过程。就像灰烬中残留的火光还会倔强地燃烧一段时间一样,负能量同样也会不断地熏烤你的心灵,逐渐地破坏和侵蚀你的形象。

071
承受恶报的时候

不懂心灵法则的人，不会意识到自己的恶行、恶语和恶念所造成的负能量已经侵蚀到自己的心灵。不懂心灵法则的人，不会意识到这些负能量经过充分的炖煮酝酿，终有一天会孕育出恶果。在孕育恶果的过程中，他还以为自己很快乐、很享受。

在行动上对别人颐指气使，所获得的快感只是瞬间的错觉。

对讨厌的人说一些苛刻的话，所谓的一吐为快也不过是错觉而已。

负能量会不断累积酝酿，等到要承受恶果的那一天，愚者终将要承受痛苦的煎熬。

072
最差劲的人

在行动、语言和想法上都很消极，积蓄负能量的同时，还试图掩盖隐瞒，不想让别人知道，这样的人，可以说就是最差劲的人。比如说，当你心里正焦躁地想着："真想快点回家啊，这个人的讲话好无聊啊。"当这种焦躁和怨气不断积蓄的同时，表面上的你却笑脸相迎，阿谀奉承："您的这番话真是充满了真知灼见，很有意思啊。"这种表里不一的虚伪会让你承受越来越大的压力。于是，慢慢地，你就变成了最差劲的人。

073
负能量有增无减

"那个人就这点不好。"

"这个人穿衣服很没品位。"

"那个人的性格有点扭曲。"诸如此类,总是看到别人的缺点的话,自身也会不断地积蓄各种烦恼和负能量。于是,负能量就会有增无减。

074
不要轻视负能量

不要轻视自己在行动、语言和想法上的负能量，不要错以为"报应不会只落到我头上来"。一滴一滴往下掉的水滴，也能装满一个大大的水瓶。同样的道理，负能量也会像水滴一样，一滴一滴地蓄积，以致让你的整颗心灵都被负能量所占据。

075
勿以善小而不为

不要轻视自己在行动、语言和想法上的点滴善意所带来的正能量。不要以为自己的点滴善行不会给自己带来善报。比如说，在使用公共卫生间时，发现马桶上的污渍，为了下一个人的使用，能主动把污渍擦干净。如此细小的善行，虽然别人谁也看不到，但点滴善行经过日积月累，终将汇流成河。

点滴善行所带来的正能量，就像一滴一滴落在水瓶里的水滴，日积月累，总有一天能装满整个水瓶。要相信善有善报，勿以善小而不为。

076
行动、语言和想法可以改变命运

有消极的行动、消极的语言和消极的想法,还不如什么都不做,什么都不说,什么都不想。

因为消极的言行举动和想法所带来的负能量一旦在心中蓄积,终将会给自己带来痛苦的折磨。

当你有了一些积极的行动、语言和想法时,不管是什么,最好能马上实施。积蓄的正能量总有一天会给自己带来福音。

077
善果的孕育需要时间

当你做了很多善行,说了很多善言,有了很多善意的想法时,你心中的正能量就会慢慢孕育出善果。但这个过程是需要时间的。在善果成熟之前,不排除会有不幸降临的可能。不过,当善的正能量最终孕育出善果时,一定会给你带来莫大的幸福和快乐。

078
克服消极想法后的四大安心感

当你克服了消极的想法后,你就会远离欲望、愤怒和迷茫的雾霾,你的心灵就会变得纯净平和。你就会获得下述四大安心感:

第一,如果因果报应和轮回转世是真的,不管你信还是不信,下辈子你会好人有好报。

第二,即使所谓的轮回根本不存在,死亡就是生命的终结,你的今生今世依然能够在宁静和祥和中安然度过。

第三,如果真的是恶有恶报,反正你没有做过坏事,就不会担心受到罪恶的惩罚。你就可以安然地面对余生。

第四,即使恶有恶报是假的,反正你没有做过坏事,你的心中没有积蓄负能量,你可以微笑地说:"我的心灵是纯净清澈的。"

079
自作自受

"自己"会因为自身内心所描绘的欲望、愤怒和迷茫而一点点地变得混浊。同样,"自己"会因为自身内心所拭去的欲望、愤怒和迷茫而一点点地变得纯净。

如此这般,混浊和纯净,都是每个人各自的自作自受。所以,你不要指望你的一句话就能让别人的心灵变得更纯净,那是徒劳的。所以,你不要为别人的自作自受而白费自己的口舌。

080
没有伤口的手是不会感染的

手上如果没有伤口,即使接触到有毒的东西,也不会感染。这样的手,可以安心地去触碰其他事物,心中没有恶念的人,也不会轻易被责难、中伤和灾难等来自外界的侵扰毒害。所以,内心没有积蓄负能量的人,不会轻易遭受不幸和灾祸。

081
命运是可以改变的

人与生俱来就有肤色之分，美丑之别，有的人天生就是王子殿下，或者是总裁之子，而有的人则天生注定是平民百姓或者是奴隶的后代。但人的高尚和卑贱不是肤色、容貌和出身阶层所能决定的。

迄今为止，蓄积在心里的能量，会一点一点地改变人的气质。负能量多了，人就会变得卑贱；正能量多了，人就会变得高尚。

082
淡化恶果的方法

飞到天上去试图逃避，是不可能的。沉入海底去试图逃避，是没有用的。逃到深山老林里，是没有意义的。在这个世界上，无论哪里，都没有可以逃避的地方。迄今为止，内心所积蓄的负能量，所孕育的结果，绝不是逃避就能避免的。总有一天，你要为自己所犯下的错误埋单。

当恶果降临时，不逃避、不拒绝，以一种开朗的心态去接受，才可以淡化恶果。

083
消极的行动、语言和想法，会制造不幸的人生

当你习惯性地采取消极的行动、说消极的话，总是被一些消极的想法所困扰时，你的内心就会随之不断地积蓄负能量，你的有生之年，就会一直在烦躁不安中度过。你的人生注定不幸。

"自己做了很多会遭人怨恨的坏事，一旦败露，该如何是好？"你会一直处于这种不安之中，直至永远。你将永世不得安宁。

084
积极的行动、语言和想法，可以造就幸福的人生

当你总是采取积极的行动，说肯定的话，总是积极地去想问题时，你的内心就会不断地积蓄正能量，你的有生之年就会过得安然幸福。

身正不怕影子斜的安心感，善有善报，你的人生将过得无忧无虑，平和安详。

和你的情绪聊聊天

5

慎择友

085
如果能遇到可以提升心灵的朋友

你在人生的道路上,如果以提升心灵为择友的目标;如果你能找到可以互相弥补彼此性格不足的朋友,你就可以克服所有的障碍前进。即使你不喜欢那个人的容颜,即使那个人没有什么特别的才能,但只要和那个人一起前进就好了。和这样的朋友在一起时,你依然不要忘记审视自己的内心世界。

086
如果没能遇到可以提升心灵的朋友

你在人生的道路上,如果没有以提升心灵为择友的目标;如果你没能找到可以互相激励、共同成长的朋友,还不如一个人孤独地继续前进。

087
和性格比自己好的人交朋友

如果你在人生的道路上,能够结交到性格比自己好的朋友,或者和与自己性格相仿的朋友亲近,你的内心就会不自觉地模仿对方,不知不觉中,你的性格也会往好的方向发展。

如果你不巧遇到的净是些性格比你差的朋友,那还真不如索性享受一个人的快乐,孤独但纯洁地走完一生。

088
结交性格不好的朋友还不如一个人走

珠宝匠人制作的金光闪闪的手链,如果一个手腕戴上两个,就会互相碰撞,发出噼里啪啦的杂音。

结交性格不好、和你不相配的朋友,就如同两个手链戴在一起,两颗心灵会不断地互相碰撞,发出嘈杂混乱的噪声。

当你意识到这点,你就会选择索性一个人孤独清高地走。

089
真假朋友 Part1

你要记住，符合下述四项，就是只知道向你索取的朋友，他们其实不是真正的朋友。

第一，完全不顾你是否方便，只知道一个劲儿地让你做这做那。

第二，稍微对你好点，给你帮点忙，就索取巨大的回报。

第三，担心惹你讨厌，竭尽全力对你示好（一旦你对他表现出安心和信任，他的态度又会忽然来个急转弯）。

第四，在和你交往时，总是算计着自己能得到什么好处，老是患得患失，生怕自己吃亏。

符合上述四点的朋友不是真朋友，请远离这样的朋友。

090

真假朋友 Part2

你要记住，符合下述四项，就是只会动嘴皮子的朋友，他们其实不是真正的朋友。

第一，"啊，太遗憾了，这周我有事无法赴约，如果你上周约我的话我就去见你了。"类似这种总是拿过去已经无法挽回的事情来搪塞你。

第二，"好遗憾啊，今天想去练舞，所以没法帮你了。下回我有空的话一定帮你。"类似这种总是拿未来的"空头许诺"来敷衍你。

第三，在你陷入困境时，不仅没有帮你解决困境，反而老是打岔。"是啊，那是挺烦人的。顺便问一下，你养的小猫咪还好吗？有这样可爱的猫咪陪伴，真是让人羡慕啊。"

第四，当你找他，希望能马上得到帮助时，他却果断拒绝："不好意思，现在不行。"

符合上述四点的朋友不是真朋友，请远离这样的朋友。

091
真假朋友 Part3

你要记住,符合下述四项,就是只会拍马屁取悦你的朋友,他们其实不是真正的朋友。

第一,对你来说是不好的事情,他也跟着人云亦云,不负责任地赞同。比如说你在吐槽时丑化了自己的形象和心灵,他却随随便便地说:"是啊,就是这样的。"

第二,对你来说很好的事情,他也跟着人云亦云,只在口头上表示赞同。你把你的精彩想法告诉他,他只是一个劲儿地说"是啊,是啊",却根本没有用心在听,以致你们的对话无法进行下去。

第三,在你面前,永远都是说:"对啊,是啊,你太了不起了。""真不愧是……啊,我太佩服你了。"

第四,当你不在的时候,却在背地里说你的坏话:"那个人，稍稍表扬他一下就高兴得不知道自己是谁了。"

符合上述四点的朋友不是真朋友，请远离这样的朋友。

092
真假朋友 Part4

你要记住,符合下述四项,就是只在缺钱的时候找你的朋友,他们其实不是真正的朋友。

第一,总是在去喝酒时和你同行,只知道纵情发泄的人。

第二,总是在深夜和你同行,一起流连夜店的人。

第三,总是和你一起去看电影、听音乐,参加各种娱乐活动,却从不陪你一起审视内心的人。

第四,总是容易兴奋忘我,控制不住自己,或者带你去赌场等场所的人。

093
索性一个人清静

现代社会的人们,总是不自觉地算计"和这个人交往,能给我带来什么样的好处",在这种得失心的支配下,选择人际交往的亲疏远近。

在如今这样的世道下,没有被得失心所沾染的真正的朋友是很难得的。

如果你身边的人,净是些打着自己小算盘的人,那你还不如清清静静地一个人过。

094
只说不做的人不是真朋友

有的人,虽然口口声声地说:"我是你的朋友。"但当你拜托一些他力所能及的事情时,他却总是找借口推辞。这些人根本不是朋友。

095
总是说空话套话的人不是真朋友

"平常给你添了很多麻烦,以后诸如此类的工作,随时可以叫我来帮忙。"有的人,当你在工作上需要有人扶一把的时候,总是许一些空头承诺,却压根儿没打算真心帮忙。当你真正忙得一团糟的时候,他却睁一只眼闭一只眼假装看不见。这些只会说空话、套话的人,不是真朋友。

096
借钱不还的人绝不能做朋友

有的人借了你的钱,却迟迟不还,当你催促还债时,却百般推托。甚至昧着良心自欺欺人地说:"我没有向你借过钱。"这种借钱不还的人,可以称为最卑贱的人。

097
真正的朋友不会对你指手画脚

有的人喜欢对你的言行指指点点，总是试图发现你的缺点，总是不顾虑会和你发生小摩擦。

这样的人不是真朋友。

而有的人，不会对你做好与坏的评判，总是一如既往地仰慕你、钦佩你。这样的人才是真朋友。

就像小孩子总是会无所顾虑地扑向母亲的怀抱，友情也应该是这样一种强韧的情感联结，不会有任何顾虑，也不会造成任何干扰。

098
要和心智健全的人一起生活

有的人表面上很优秀，才华横溢，但不自省、不自制。不要与这样的人做朋友。一旦与这样的人亲近，今后很长一段时间，你都会受到这个人的欲望和怨气的传染。

和一个不会控制自己感情的人待在一起，就如同和一个讨厌的敌人住在一起。这对你来说将一直是种痛苦的折磨。

和心智健全的人待在一起生活，可以给你的内心带来安宁，也有助于彼此的成长。

099
当你想要对朋友说出埋藏在心中的秘密时

"我想指出来,但不知道该不该说,怎么说好。"有时候,一些隐藏在你心中的话,有可能是与事实相违背的,也有可能会给别人带来负面的影响。这些话,绝对不能说。

即使这些心里话确实是事实,但如果会给对方带来困扰,你也要学会尽量忍住不说。

如果隐藏在你心中的话,确实符合事实,也不会给对方带来困扰,甚至你明知那是对对方有利的,那也最好要审时度势,把握好时机再说。

比如说,当你和朋友在一起时,对方却一个劲儿地在玩手机,你觉得很失落,很生气,很想对对方说:"你不觉得和别人在一起时一个劲儿地玩手机是一种很失礼的行为吗?"但你最好还是等到你的怒火逐渐平息,等到自己冷静下来后再换种说法和对方说:"好不容易见次面,你却老是玩手机,让我觉得好失落。如果你能控制一下,我会很高兴的。"

100
有的时候,朋友疏远你也是件好事

有的时候,如果你真心觉得有必要的话,可以向正在朝着错误方向发展的朋友提个醒,给点建议,让对方从消极的思考方式和口头禅中脱离出来,这也是为双方好。

如果对方真的是值得做朋友的人,他一定会洗耳恭听,欣然接纳。

而如果对方不是那种值得做朋友的人,他可能根本就听不进你的劝导,他会觉得你很多嘴,会主动疏远你。

但从结果上来说,被这样的人讨厌、疏远其实也是无所谓的。所以对方不听你的劝阻也是件好事。

101
给你指明财源的人

如果有一个人,能指出连你自身都还没意识到的性格上的弱点,这就如同给你指出了财宝的所在地。

遇到这样的人,你有可能会因为对方的话刺中了你的要害而感到无比痛心,甚至不自觉地想躲避。但所谓"良药苦口利于病,忠言逆耳利于行",你要学会尽量和这样的人亲近,和这样的人做朋友。

因为能够看穿你缺点的人才是最了解你的人,和这样的人做朋友、做搭档,彼此可以获得共同的成长。

102
选择和什么样的人在一起

不懂得审视自己的内心，不愿意直面自己内心的人，是不值得交朋友的，不要和这样的人走得太近。不要和那些懒于自省，做事随随便便的人交往。只有那些懂得不断充实心灵，凡事积极向上的人，才是真正值得你去亲近和交往的朋友和搭档。记住，要选择和心灵纯净、没有杂质的人在一起。

和你的情绪聊聊天

6

幸福的秘密

103
不要太在乎你已经拥有的

你呀,要记住千万不要太在乎你已经拥有的一切。做到了这一点,即使你的一件名牌服装丢了,你也不至于焦躁不安地花上好几天时间去寻找,还不停地念叨"糟了,糟了"。这样的你,才是幸福的。

104
不要太在乎你已经取得的成果

你呀，要记住千万不要太在乎你已经取得的成果。

做到了这一点，你就不会有压力，就不会为田里撒下的种子收获甚微而感到苦恼。

即使你在工作中付出的努力没有得到应有的评价，你也绝不会因此而感到怀才不遇，愤愤不平，也不会无谓地感叹世间缺少有眼光的伯乐。

这样的你，才是幸福的。

105
不要太在乎吃的

你呀,要记住千万不要太在乎吃的食物。做到了这一点,你就不会因为没有了足够的粮食储备而着急地去采购。当面对一大桌美味佳肴的时候,你也要做到适量地吃,事后就不会因为暴饮暴食而忍受肚子疼痛的折磨。这样的你,才是幸福的。

106
不要太在乎睡觉的地方

　　你呀，要记住千万不要太在乎睡觉的地方。做到了这一点，即使你睡在布满跳蚤和虱子的被窝里，你也不会有任何不满，照样可以享受酣畅的睡眠。有的人即使睡在松软温暖的被窝里，也会经常被失眠所折磨，真是没法说。无论何时何地都能享受宁静酣畅的睡眠，这样的你，才是幸福的。

107
不要对下一代过于强求

你呀,要记住千万不要对下一代过于强求。不要因为教给孩子的知识他没有学会而感到懊恼和沮丧。千万不要因为在养育孩子方面花了很多钱,就指望孩子报恩。这样的你,才是幸福的。

108
不要对同事过于强求

你呀,要记住千万不要对同事过于强求。

做到了这一点,即使你的同事一天到晚都在放你不喜欢的音乐,你也不会一天到晚为此而苦恼,"这家伙明明知道我不喜欢这样的音乐,却偏偏放这种音乐"。

这样的你,才是幸福的。

109
不要对金钱过于强求

你呀,要记住千万不要对金钱过于强求。做到了这一点,你就不会再担心有一天你倾家荡产,身无分文。你也绝不会因为心灵空虚而挥金如土。这样的你,才是幸福的。

110
要和优秀的人在一起

比自己还要心绪紊乱,容易受坏的情绪影响的人,你可以礼貌地和他交往,但要注意不要过于亲近。而只要是和心灵纯净、思路清晰的人在一起,你就能自然而然地受到好的熏陶。你要和这样的人成为亲密的朋友。这就是幸福的最高境界。

你要学会尊敬这些优秀的人,并做到君子之交淡如水。这就是幸福的最高境界。

111
要住在符合自己身份的地方

如果为了爱慕虚荣,选择在和自己的收入以及现在的心境不相符的高级住宅区里居住,你在傲气大增的同时,烦恼也会随之大增。你会觉得心里很不踏实。

而如果你住在符合自己身份和收入的地方,一般都能心平气和,感觉很踏实。

这就是幸福的最高境界。

112
安心

身体所采取的行动,嘴里所说出的话,潜藏在内心深处的想法,如果这些都能很好地控制住,不朝负面消极的方向发展的话,这就是幸福的最高境界。

如果迄今为止内心深处积蓄了大量善的能量,今后也能安安心心地过日子。

这就是幸福的最高境界。

113
掌握一技之长,并能贡献于人

不对自己轻易定位,广泛积累人脉,善于聆听来自不同人的意见,善于从不同的人身上学习。这就是幸福的最高境界。

为了生存,掌握一门技术或手艺,能够为别人做贡献。这就是幸福的最高境界。

114
气质是需要假以时日才能养成的

　　心灵的修养不是一时半会儿就能掌握的,它需要花费很长时间,日积月累才能慢慢掌握。当你不再乱说别人的坏话,不再自夸自大,不再胡作非为时,你的身上自然而然地就会展现出美好的气质。
　　这就是幸福的最高境界。

115
要珍爱家人

曾经你的家人为了你无偿地付出,照顾你、宠爱你。父母之恩,是精神上的一笔债,需要好好地去偿还。你能够自食其力并回报父母,这就是幸福的最高境界。你有心思、有余力去照顾家人,孝顺父母,这就是幸福的最高境界。

116
要战胜吝啬的自己

"这是我自己的钱,谁也不给。"你要学会尽量减少这些吝啬的念头,把一切看开。对自己所拥有的,能够做到适当地放手并与他人分享。

当你想要独占好东西的时候,要提醒自己学会享受分享的乐趣。当你给别人买礼物的时候,不要太在乎价钱,能毫不犹豫地掏钱买东西送人,才是爽快的人。克服吝啬,就是战胜自己。这就是幸福的最高境界。

117
要有命运意识

你要明白,内心的各种想法和情绪都是遵守命运的。所以,你要尽量远离那些会给你带来痛苦结果的消极想法,同时要善于接受能带来好结果的积极想法并付诸行动。

这就是幸福的最高境界。

你要做到胸有成竹地宣告自己的所作所为不存在任何把柄,不会遭到任何人的责难,行动上绝不会随随便便,糊弄了事。

这就是幸福的最高境界。

118
控制自己的言行

身体上的行为，要远离诸如杀生和出轨等会增加痛苦的行为。嘴上说出来的话，要远离坏话、传言、自吹自擂和谎言。心中的念头，要远离因欲望而生的妄想和怨恨。同时，还要学会控制会破坏心灵宁静和专注力的饮酒恶习，这样才能不断磨炼自己的内心，不断获得成长。这就是幸福的最高境界。

119
满足的喜悦

你要尊敬心灵健全的人,他们没有丝毫的傲气,对谁都很亲切、很认真。这样的人是值得尊敬的。

这就是幸福的最高境界。

你要停止彷徨的脚步,不要老是不安分地想"是不是还有更好的地方""是不是还有现在这里没有的东西"。不要总是追求更多更好的。学会满足现有的人和物,你的心灵才会变得温暖而又充实。

这就是幸福的最高境界。

你要记得迄今为止他人所给予的恩情,要有一颗懂得感恩和回报的心。

这就是幸福的最高境界。

在你自己的心比较沉静的时候,请诵读有关心灵法则的经典语录,不要忘记这些真理,要反复吟诵,才能获得心灵的成长。这就是幸福的最高境界。

120
历练心灵的喜悦 Part1

当你遭受恶语相向时,要学会忍耐,不要给心灵带来过于沉重的打击。这就是幸福的最高境界。当你听到让你感觉痛心的话时,如果这些话是可以把你引领到更好的方向,对你自身有帮助的话,那最好还是虚心接受。这就是幸福的最高境界。你可以去找那些品行高尚的人,向他们取经。如果在你需要的时候,能有一个人和你就心灵的话题对话,你要感恩。这就是幸福的最高境界。

121
历练心灵的喜悦 Part2

你要制定属于你的心灵法则并督促自己严格遵守,你要对自己进行提高专注力和观察力的训练。

这些训练会让你看破一切烦恼和纷争,减少你身心的痛苦,从而让你的心灵最终获得安宁。

这就是幸福的最高境界。

122
无论是顺境还是逆境,都要保持好心情

当你万事如意,一切顺风顺水的时候,千万不要因此而自高自大、得意扬扬。当你身处逆境,面临种种风险和厄运时,千万不要因此而沉沦,不要轻易就被打倒。无论你处在一个什么样的境遇,都要始终保持好心情,你要学会让你的心灵远离喧嚣和嘈杂,始终保持心灵的宁静。这就是幸福的最高境界。

123
无论何时何地,都要懂得珍惜幸福

当你的心灵足够安宁平静时,无论何时何地,发生什么,你的心都不会有所起伏和跌宕,你的心都不会轻易被打倒。因此,无论何时何地,你的心都是幸福的。这就是幸福的最高境界。

和你的情绪聊聊天

7

了解自己

124
自己总是不容易发现自己的缺点

一般来讲，别人的弱势和缺点，我们很容易发现，而且总是忍不住想给对方指出来。而对于自身的弱势和缺点，我们自己一般都很难发现。

自己原本是打算做好人的，而实际上却有可能是在向别人卖弄自己的善意。自己原本是诚心诚意地想道歉的，而实际上却有可能是一个无法饶恕的伪善者。

这种"被扭曲的自己的本性"才是最难发现的。

因为，当我们指出别人的问题或缺点时，会产生一种错觉，感觉能够指出别人的缺点的自己是很了不起的，是完全没有问题的。于是，自身的问题就被隐藏起来了。

这就像在赌场中，有的人一旦甩出了对自己不利的骰子，就恨不得立马藏起来一样。

125
审视自己的内心

当你审视自己内心的时候，你会发现原本模糊的意识刹那间就被照亮了。"刚才我有过一个想逃避的念头。""刚才我对上司产生了怨气。""现在我终于消气了。""我好像又有点想撒娇了。""刚才我头脑忽然变得一片空白，感觉很不安。"如果你能如此，做到时时刻刻地留意自己内心深处的真实想法和情绪变化，你的那些混乱的心绪就能得到及时地梳理，你的心就会变得明朗清晰。

126
追求自由之身的人

那些试图审视自己内心世界变化,不断与自己对话的人,有个比较适合他们的称呼——"冥想者"。

那些坚持审视自己内心世界的人,最终都能获得心灵的安宁和自由。

追求自由的过程,就是不断摆脱遗传因子中那些生存本能的支配,不再像一个奴隶一样被自己天马行空的潜意识所随意指使的过程。当你摆脱了各种本能和潜意识的控制后,你就能获得真正的自由之身了。

127
热衷于说别人坏话的理由

所谓的愚蠢,就是没有意识到潜意识中正在控制自己的各种恶念,并在不知不觉中被这些恶念所操纵。愚蠢的人根本不知道自己的内心深处藏着多少污垢。

一般人都不愿意看到这样的事实,所以总是刻意回避审视自己的内心。

为了把目光从自己的内心世界转移开来,人们就会热衷于说别人的坏话,或者沉浸在影视剧和游戏的世界中,痴迷于自己喜欢的音乐和小说中,并因此而上瘾。

追求心灵自由的人,能够看穿那些会支配自己的各种依赖症状和喜好,并战胜它们;追求心灵自由的人,会很专注于审视自己的内心并不断探索自己内心深处所潜藏的秘密。

128
热衷于娱乐和废话的理由

当你懒于审视自己时,为了糊弄自己,你就会热衷于各种娱乐活动和无聊的废话。千万不要任由自己这样沉沦下去。

这种状态只能获得暂时的表面上的快感。而要获得内心真正的安宁,必须要做一个"冥想者",坚持审视自己,随时关注自己内心世界的变化。

129
必须要戒酒的理由

你听着,当你醉酒时,你就会变得难以自制,不知道自己是谁了。饮酒有下述六大坏处:

第一,饮酒会花掉大笔开销。

第二,酒后容易变得意识模糊,容易吵架。

第三,饮酒容易伤害肝脏,酿成疾病。

第四,在饮酒问题上难以自制的人,在别人眼里的信赖度也会下降。

第五,酒后容易纵欲,会引发出轨和乱伦。

第六,饮酒会让脑神经变得紊乱,造成智力衰退。

130
到底是什么在折磨你

一直在折磨你感情的,其实就是那些难以实现的欲望和周而复始的怒火和怨气。这些都不是别人制造的,而是源于你自身的问题。

任性的喜好,也会在你自身的心理作用下被可怕地放大。毫无必要的胡思乱想、各种不着边际虚无缥缈的妄想,也都源于你的内心,并不断揪住你的心反复折磨。就像小孩子们喜欢不停地抓住一样东西翻来覆去地扔一样。

131
消灭烦恼

人心会在不知不觉中对他人产生依赖，使得刚刚还干劲十足的工作，忽然就变得厌烦而无所谓。

懂得自省自制的人是不会让自己的心绪有太大起伏的。因为这样的人非常清楚，眨眼间，自己的心思就有可能会朝着不好的方向狂奔。

每当人们需要用心去束缚那些狂奔的烦恼时，就要利用自省自制的力量，逐个地去消灭那些大大小小的烦恼。

132
做自己心灵的主人

你不是你自己心灵的奴隶。你要做你自己心灵的主人。你自己才是你最后的归宿。不要去指望除你自己以外的任何人和事,你要学会自己调节自己的心。

133
如何保持日常心态的稳定

不要依赖外界,要学会自己激励自己,自己劝诫自己,自己守护自己,要学会自己审视自己的内心世界,这样的你,就可以每天都在稳定的心态中度过。

134
选择安逸之路的人

有的人不知廉耻，总是给别人添麻烦；有的人脸皮厚嘴皮薄，就像乌鸦一样到处散布谣言；有的人蛮横粗暴，事事都要按自己的意志来；有的人心灵极度贫乏，却非要装得像国王一样颐指气使；有的人总是意气用事，搞得周围的人都摸不清他的脾气。在提升修养历练心灵的路上，他们都舍弃了那条相对艰难的道路，他们在堕落的同时，痛苦也在增加。因为他们选择了安逸之路。

135
选择困难之路的人

有的人,懂得廉耻,能够控制自己的感情。有的人,能够淡化自己心中的"三毒"——欲望、愤怒和迷茫。有的人,能屈能伸,对于曾经的执着懂得放手。有的人,当他不经意间变得傲慢时,能够努力去克制和改变自己。有的人,每天都过得无忧无虑,心情舒畅。有的人,善于观察自己的内心世界。

这些人之所以能够驾驭自己的心灵,是因为他们在力图消除烦恼的目标下,尽力选择了一条需要点冒险精神的道路。所以他们的人生能够不断地迎接困难的挑战并战胜和克服困难。

136
佛陀教诲之精髓 Part1

不要制造名为欲望、愤怒、迷茫的"恶",梳理自己的心绪,把自己的心灵塑造得纯粹一些。

如果非要总结出一句话,这一点就是来自佛陀教诲的精髓。

137

为了佛陀的弟子们

当你身处逆境,感觉真的快撑不下去的时候,当你处在恶语中伤的风雨中时,你一定要忍住、挺住、坚持住。这是磨炼你稳重性格最好的机会。

大彻大悟的佛陀说,心灵的安宁有最高的价值。

如果你抛弃了心灵的安宁,反而去伤害别人、困扰别人,你就堕落了,走上歧路了。

138
佛陀教诲之精髓 Part2

不要说别人的坏话，不要伤害别人。恪守自己心灵的法则，坚持自己心灵的方向，好好控制自己。

饮食要不多不少，感觉适度饱就可以了。

起居作息要努力促成心灵的成长和性格的改善。

如果非要总结出一句话，这一点就是来自佛陀教诲的精髓。

139
学会把烦恼烧光

一起来点上香,在淡淡的清香中打坐冥想吧。不要以为那些所谓的仪式能够净化你的心灵,那些只不过是形式上的变化而已。

还不如在你的内心深处点燃一把烈火,集中你所有的注意力,毫不犹豫地把那些烦恼统统烧光。

和你的情绪聊聊天

8

凝视自己的身体

140
身体是脆弱得不堪一击的城墙

当提到"自我""人类"这些词时,我们的脑海里所浮现出的是我们的身体,由骨骼和肌肉组成,其实只不过是一层由皮肉组成的脆弱的皮囊而已。

在血与肉组成的人体内部,每时每刻都伴随着细胞的老化和死亡,可我们还是总不断地高估自己,总是不自觉地隐瞒自己的秘密,总是自以为自己很了不起,总是处在自我感觉良好的错觉之中。

141
身体能做的其实很简单

从表面上看,我们在做步行、站立、坐和躺等各种复杂的动作,而实际上,在身体内部,只不过是我们的肌肉在重复着简单的伸缩而已。

乍一看很了不起的身体,其实能做的都是极其简单的事情。

142
只关注身体表面是愚蠢的

人的身体由骨骼和肌肉组成,表面覆盖着一层皮肉。

人们总是习惯于关注身体表面的现象,比如"皮肤很光滑""皮肤很粗糙""头发掉了"等。如此这般,你的内心就会老是被一些无用的事情所打乱。

因为你完全忘了表皮里面所隐藏的只不过是皮肉而已。

143
感受身体内部的变化

如果把隐藏在皮肤内部的意识感应作为冥想的对象，你就会清楚地感受到身体内部的肠胃、肝脏、膀胱、心、肺、肾、脾等器官的存在。

144
看看现实中的身体

当你仔细观察隐藏在皮肤里面的身体内部的时候，你会发现人的肉体其实并不美。而恰恰是这释放着体味的身体，却是我们人类一辈子最最需要好好守护的东西。

各种各样的脏东西不断地在体内累积，在身体的各大器官之间流淌，并通过各种渠道排泄出去。

原来我们的皮肤里面隐藏着这么多的脏东西，我们还一个劲儿地赞美我们的身体有多美、有多了不起。当我们在意气用事地鄙视别人的时候，有没有想过，其实我们自己就是不具备直面现实能力的愚者。

145
缓解体内的恶

当我们的身体隐隐作痛时,我们就会想做些其实完全是多余的事情。不如沉下心来,静静地待一会儿,身体内部的混乱状态就会得到很大限度地控制和缓解。

身体之恶。

比如说,杀生、偷盗、出轨和饮酒成瘾,等等。

你要学会戒掉这些身体上的恶习,把身体往积极健康的方向调养。

和 你 的 情 绪 聊 聊 天

9

走向自由

146
不能轻易相信的 10 种状况

很多人都说自己的话是千真万确的,别人的话都是不对的。于是,越来越说不清到底谁说的才是正确的。为了不再被别人欺骗洗脑,不再失去你应有的自由,你需要注意下述事项:

第一,当有人对你说"××人说你怎么样怎么样"时,在真正确认之前请不要轻易相信。

第二,当有人提出"这是这个国家的传统,从古至今都是这么做的",请不要轻易相信。

第三,当某样东西正在流行,口碑不错时,请不要轻易相信。

第四,经典圣书上所写的,请不要轻易相信。

第五,实际上尚未得到确认的臆测,请不要轻易相信。

第六，不管看上去多么有道理，看上去多么正确的东西，请不要轻易相信。

第七，即使有些东西符合常识，也请不要轻易相信。

第八，即使有些东西和自己的意见相似，也请不要轻易地相信，并轻易地说出"我也这么认为"。

第九，不管对方穿得有多气派，职业有多体面，态度有多客气，请不要被这些表面的东西所迷惑，更不要轻易相信。

第十，即使对方是自己的老师，也请不要盲目地轻易相信。

147
对快感的依赖，正是痛苦之源

世间所有的痛苦，都是因为某种依赖而产生的。

比如说，当你习惯了被爱人惯着宠着，时时刻刻被温柔地呵护时，偶尔对方稍微发点小脾气你就会感觉很受不了，你们的关系就会出现危机。

比如说，当你习惯了享受在工作中达到目标的成就感时，瞬间的快感过后，你就会陷入新一轮的空虚中。

习惯于各种依赖症状的患者，只会把依赖从某种物体转移到另一种物体，他们的大脑只会不断地分泌麻药，不断地把自己逼向痛苦的深渊。

当你看穿了痛苦的元凶，就能摆脱依赖症状，摆脱脑内麻药的作用，从而远离痛苦。

148
不要过度依赖神灵世界的人和事

当一个人在重重压力下，内心找不到落脚点的时候，就会容易对神灵产生过度的信仰；或者把所有的希望都寄托在佛祖身上，对某个守护神膜拜不已；甚至去膜拜那些据说有灵性的神树之类的东西。

当一个人陷入对神灵的过度依赖时，就会容易被洗脑，把目光从现实中转移开来，以此来求得一时的安心感。不过，神灵不是真正能够让人心安定的归宿。过度地依赖神灵，不仅会被剥夺自由、被洗脑，而且，内心的压力也不会得到丝毫缓解。

149
人心是最难驾驭的

人心是最难捉摸的。有时候明明已经觉得非做不行了,忽然就动摇了,觉得还是算了吧。有时候明明很喜欢,可是又觉得自己只是一时兴起。总是这样摇摆不定。

比如说,有时候其实心里很清楚"老是玩手机很浪费时间,还是赶快停止吧",可是马上转念又一想"那个人的短信怎么还没来",于是心思又陷入一片混乱。

人心就是这样,非常难以掌控。

当你的心灵一直被欲望所支配,不停地追求快感的麻药时,你的心就无法获得自由。

必须要敏锐地审视自己内心的动静和一丝一毫的心绪变化。试图去控制自己的内心,不让自己的心老是在快乐与不快乐之间摇摆不定。

就像做弓箭的手艺人，把已经变形的弓箭重新拉直并调正一样。

150
让你的心摆脱束缚走向自由

当你被负面情绪所笼罩时,比如说,"迄今为止好不容易看到了点希望的曙光,这次看样子又得失败了"。此时的你正被一种不安的情绪所支配。

此时,你的心就像从水中想往岸上蹦的鱼一样,很想挣脱负面的情绪。可是,这种急于想挣脱的欲望又产生了新的负面情绪,让你陷入了新的束缚。

人心就是这样,很难完全按照你的意志来,总是来回乱动。要想抓住如此多变的心绪是很难的,因为你的心绪总是在不知不觉中,不断地产生不一样的想法和不一样的感情,很轻易地就推翻了你自己。所以,一定要学会控制自己的心绪,不要由着性子。当你能够控制自己的心绪,驾驭自己的感情时,你就能收获真正的自由和心安。

151
从情绪的波动中摆脱出来才能获得真正的自由

眼睛所能看到的，耳朵所能听到的，鼻子所能闻到的，舌尖所能品尝到的，身体内部所能感觉到的，内心深处所能想到的，当这六种感觉和你接触时，不知不觉中，你就会产生诸如"好听的音乐"之类的快感，或者产生诸如"联想到了不愉快的事"之类的不愉快感。于是，你就会陷入情绪的波动。

当你被快乐与不快乐的神经信号所支配时，在遗传因子的作用下，你就会很容易被命运牵着鼻子走，甚至走上邪道，成为失去自由的奴隶。

不过，如果你能在接触这六种感觉的入口处好好把关，就能自动阻止快乐与不快乐的情绪发展。

眼睛、耳朵、鼻子、舌头、身体、意念，这六扇连接外界和心灵之间的门如果能做好防御工作,就不会被外界的变化所掌控,你就能收获真正的自由。

152
从知识中解放出来才能获得真正的自由

不努力训练提高自己的自控力和专注力,反而用增加知识来代替,这样的人是愚蠢的。

当你填鸭式地向自己灌输哲学、政治学、经济学、心理学、文学等各种知识时,记忆的储存器里就会被太多不需要的信息噪声所淹没,你的大脑只会变得越来越混乱。

"好不容易学到了,就想在别人面前显摆显摆。""好不容易学会了,很想在现实生活中运用一下学到的知识。"当你对知识产生这些想法时,不知不觉中你已经被知识所支配了。

如果你不能从知识中有所领悟,总有一天你会陷入不幸的。

远离那些只会让你的大脑更混浊的小知识,直接去感受最真实的世界吧。

153
从别人的评价中摆脱出来才能获得真正的自由

不管风有多大,大山都不会有丝毫动摇。人就要向大山学习,不管别人是骂你讨厌,还是赞扬你了不起,都要把这些当作耳边风,于是,你的心就能保持平静,不再动摇。

当你因遭受责难而陷入痛苦时,你的心就会在胡思乱想中失去自由。当你因受到褒奖而自我感觉很好时,你的心也会在混乱中失去自由。不管流言蜚语的风怎么吹,你都要像大山一样岿然不动,于是,不管到哪里,你的心都是自由的。

154
从快感和痛苦中摆脱出来获得自由

洗耳聆听自己内心的声音,当你的意识感受经历过磨炼时,你就会注意到在欲望的支配下,你开始变得痛苦。你就会试着去抛开欲望。你就不会再为自己所说过的话而懊悔,你也不会再被自己的欲望所支配。因为你已经意识到欲望正是你身心不快的根源所在,你会停止说无谓的废话。如果你能抛开追求快乐、停止痛苦的欲望,你的心就能变得踏实。当有人对你好,你为此产生快感时,你不会因快感而陷入自大自恋;当有人对你冷淡,你为此感觉痛苦时,你也不会陷入痛苦中不能自拔。于是,你就收获了不受快感和痛苦所支配的真正的自由。

155
不要过度依赖佛陀的教诲

你为了过河做了竹筏,可是过完河后,你却想:"这个竹筏给了我很大的帮助,所以不能扔,我要背着竹筏继续走。"如果你真的要背上竹筏上路的话,你就会感觉脚步越来越沉重,几乎寸步难行。同样,你的业绩也好,学历也好,职场经验也好,就像这个帮你过河的竹筏一样。我的语录和教诲甚至连真理也同样如此,所有这些都只不过是竹筏而已。当你彻底领悟了这些教诲之后,你就可以把这些都扔掉了。

156
名为空的自由

不要太执着于钱财的增加。对自己的饭量一定要有清楚的认识,要吃得刚刚好,不要暴饮暴食,才能让身体保持轻盈。如果你的心不再受任何束缚,不管到哪里都能把一切看空的话,你就自由了。这种自由是无色透明的,别人是很难看出来的。就像在空中自由飞翔的小鸟,它们飞过的痕迹是透明的,肉眼不可见的。真正的自由就是"空",别人是看不出来的,难以理解的。

和你的情绪聊聊天

10

学习慈悲

157
如果你过去犯过罪行

如果你过去犯过罪行，即使你曾如此罪恶深重，只要你努力修行，你一定会有彻底悔悟的一天。当你看到正在难产的在痛苦中挣扎的产妇时，你的内心会涌现出同情和怜悯。你可以走到产妇面前说："我也是这样被生下来的，我从来没有故意犯过罪。"如果这是谎言，你也可以这么说："我大彻大悟了，我的人生将会有大转变。我不会再这样了，祝福你和你腹中的婴儿平安快乐。"

158
所有的生物都不想死

这个世间所有的生物，无论是水蚤还是细菌，无论是麒麟还是猫狗，无论是虾还是蚂蚁，无论是大象还是流感病毒，无论是人是虫还是鼹鼠，所有的生物都害怕受到攻击。

你也是，你的内心深处一定也隐藏着不想死的想法。

"其实所有的生物内心深处都隐藏着同样的不想死的想法。"当你闭上眼睛任凭思绪飞扬时，无论面对什么样的生物，你都不会故意去杀害，也不会让别人去杀它们。

159
要知道所有的生物都和你一样，是自私的

曾经，我为了寻求比自己还值得珍爱的事物满世界跑。但是，我没有在任何一个地方找到爱它胜过爱自己的事物。这点对于任何一个人来说，都是一样的。无论是人还是动物，甚至细菌，对于所有的生物而言，最珍爱的就是自己。所有的生物都是自私的。所以，在爱自己的同时，也要注意不要伤害别的生物。

160
绝对不能做的买卖

为了你自己,千万不要做下述五种东西的买卖。

剑、炸弹和战斗机等武器。

人。

动物的肉。

酒。

毒药或麻药等有毒性的东西。

不要做任何会伤及其他生物的事情,慈悲为怀,做买卖也要慎重选择。

161
所有的生物都是稳定的

无论是那些看起来总是动荡不安的生物，还是那些感觉比较踏实稳重的生物，其实都是稳定的。或者换句话说，无论是巨型、大型、中型、小型还是微型，所有生物不分大小都是稳定的。

无论是迄今为止你见过的生物，还是你没见过的生物，无论肉眼是否可见，所有的生物都是稳定的。无论是已经出生正在老去的生物，还是即将出生的生物，所有的生物都是稳定的。

162
要学会对所有的生物都怀有一颗慈悲的心

不要试图去欺骗别人。无论什么时候什么状况，无论对方是谁，都不要去轻视别人。把怒火平息下去，不要给彼此制造痛苦。

就像母亲温柔地抱着自己的孩子一样。要学会在所有的生物面前，都怀着一颗无比慈悲的心。

163
温柔地对待自己身边的人，不要有所区分

无论是对待上级还是下属，都要以慈悲为怀。无论是对待自己前后的人还是左右的人，都要以慈悲为怀。不要有代沟，不要有区分，不要有怨恨，不要有敌意，要学会让自己时时刻刻都怀有一颗温柔的心。

164
除了睡觉以外，请时刻以慈悲为怀

无论是驻足的时候还是走路的时候，无论是坐着的时候还是躺着的时候，只要你不是在睡觉，请时刻保持一颗慈悲的心。

和 你 的 情 绪 聊 聊 天

11

领悟

165
不会再有来世

当你想到一辈子终于要结束时,还要再修来世,重新开始新的一生。如此翻来覆去,也未免太累了。

其实,当死神降临时,人的身体和神经,还有记忆、行动以及意识,这五个部分都会各自分崩离析。谁又能将这五个已经分离的部分重新组装成一个新的人生?我还没能看透这点,一次又一次地投胎转世是如何实现的。

人生之所以会有一些黑暗的时期,我觉得还是因为你的肉体出于生存的本能,不停地在叫嚷"我要我要,不够不够"。人一死去,烦恼也好,无知也好,都将烟消云散。所以我觉得人一旦死了,就不会再投胎了。

当我的心不再想来世的事情时,它便彻底沉静下来了。

166
要把所有的执念都抛在脑后

你要记住，不要抱有"我的想法是××"的执念。不管你对某种想法有多么坚持，坚持都会变成纠结，纠结就会产生痛苦。要注意所有的执念，都具有打乱心智的性质。我不会拘泥于任何一种想法。所以我把所有的执念统统抛在脑后，坐禅冥想，才能发现内心的安宁。

167
不要被小小的嗜好所束缚

如果你因为一些小小的嗜好而束缚了自己,你就失去了智慧,失去了禅定的力量。当你失去了禅定的力量,开始变得焦躁不安时,你就失去了洞察和预测未来的悟性。只有通过冥想产生禅定的力量和智慧,你才会发现心灵的安宁其实就在你的身旁。

168
用坐禅来扑灭心中之火

所有的一切都在燃烧,热烈地燃烧。

你的眼睛在燃烧,你的视觉在燃烧。你的耳朵在燃烧,你的听觉在燃烧。你的鼻子在燃烧,你的嗅觉在燃烧。你的舌头在燃烧,你的味觉在燃烧。你的身体在燃烧,你的触觉在燃烧。你的意念在燃烧,你的思考在燃烧。
这些都是因为什么而燃烧?
因为欲望而燃烧。
因为怒气而燃烧。
因为迷茫而燃烧。

因为五感和意念受到持续的刺激而燃烧,心灵就成了一刻都不得安宁的火场。

扑灭这些心中之火,才能从你的心灵和身体的深处发现真正的安宁。

169
把心思专注于此时此刻

不要悲伤地怀念过去,也不要痴痴地幻想未来。只要把心思专注于此时此刻,你就会变得朝气蓬勃,阳光灿烂。

如果你一不小心,忽然想起:"去年的夏天,过得好快啊。""下周能见到那个人吗?"当你的心沉溺于过去和未来这些非现实的事情时,你的身心就会变得杂乱而又沉重,就像即将要被割掉的草一样。

170
世间万物都是在摇摆和移动中变化

我们眼前的广阔世界,你找不到任何一个角落是确定恒久不变的。

如果我们从微观的角度去细致地观察这个世界,你会发现任何事物都是在一刻不停地振动、摇摆、移动。

曾经,我尝试满世界寻找可以依靠的地方,结果发现,在这个世界上,没有任何一个地方可以保持纹丝不动。在这世上,根本就不存在能永久保持安定的足以值得依靠终身的地方。

171

诸行无常

所谓的诸行无常,是指世间万物每时每刻都在变化、在移动。一切都会过去,一切都会离开,一切都会消失。

掌控我们的物质和心灵的所有能源,从微观的角度去细致观察的话,没有一样东西是保持一成不变的。新陈代谢随时随地都在发生,而且是以非常快的速度在循环重复。

在这世上,任何一个地方都找不到能保持固定不变的事物。

当你坐禅冥想的时候,如果你能感受到肚子底部有冲击的感觉,你的心就能变得清澈宁静,你就能远离压力和痛苦。

172
诸法无我

所谓的诸法无我，是指世间万物，没有一样是我自己的。所有的一切都不是真正属于我的。所有的心理现象和物理现象，都不是我们自己真正能掌控的。包括我们的身体、感觉、记忆、喜好、意识。这个世界，所有的一切都不是我们自身的意志所能支配的。

当你坐禅冥想的时候，如果你能感受到肚子底部有冲击的感觉，你的心就能变得清澈宁静，你就能远离压力和痛苦。

173
一切行苦

所谓的一切行苦,是指世间一切皆苦。掌控我们物质和心灵的所有能源,都是苦的。所有的快乐都只不过是大脑内部的错觉,真相其实都是苦的。

因此,所有的计较和纠结都是毫无意义的。

当你坐禅冥想的时候,如果你能感受到肚子底部有冲击的感觉,你的心就能变得清澈宁静,你就能远离压力和痛苦。

174
痛苦是神圣的真理

痛苦是神圣的真理。降临人世的那一刻，每个婴儿都会痛苦地大声哭闹。活在人世的每一个瞬间，我们体内的细胞都在不断地崩坏。老化现象是痛苦的。人体内部隐藏的各种不调也是痛苦的。生病以至于要直面死亡更是痛苦的。生、老、病、死，一切都是痛苦的。

175
怨憎必苦

有生之年，你肯定会遭遇讨厌的风景、声音、香味、味道、触觉以及被讨厌的想法所袭击。每当这时，就会产生痛苦的神经刺激。

于是，讨厌你的人必定会利用这些来袭击你。于是，和他们在一起时，你就会痛苦。

这是理所当然无法回避的法则。

176
爱就要忍受离别之苦

想见的时候却见不着,想听的时候却听不到,想闻的时候却闻不到,想尝的时候却尝不到,想摸的时候却摸不到,想回忆的时候却回忆不起来,每当这时,你就要忍受痛苦的神经刺激。

177
求不得之苦

双手够不到的高山之花，看起来会比实际中的还要美。因为这样的欲望是难以满足的。

当我们追求那些似乎难以得到的，不太可能实现的、遥远的憧憬时，痛苦的神经刺激就会不停地折磨你，让你怦然心动，让你兴奋不已。

以下是四个具有代表性的不可能实现的愿望："不想出生到这个世界上来。""不想变老，想留住青春和美貌。""不想生病，想永远健康。""不想死，想长生不老。"每当你有了类似的愿望，你就要经受身心痛苦的折磨。

178
五蕴盛苦

我们的肉体以及传达快感与不快感的神经组织，储存着的与过去相关的记忆系统，身心的电磁能源，还有信息输入功能，是构成人体的五大部分，仔细观察，你会发现，人体的这五大部分无一不充满了痛苦。

179
痛苦产生的过程

你的身体和内心，有一些部分是没有自我意识的。在这些阴暗的地方，无意识的行动能源在不断地累积。在这些行动能源的作用下，不知不觉中，意识开始产生并流露出来。于是，身体和内心的各项功能开始工作。于是，眼睛、耳朵、鼻子、舌头、身体和意念，这六扇门开始决定下一步的感受。然后，在不知不觉中，信息不断涌入感觉器官。通过对这些信息的处理，大脑内部开始发射快乐与不快乐的信号。

在潜意识的作用下，快乐和不快乐会变成"快乐→欲望""不快乐→愤怒"的反应。在潜意识的作用下，这些反应会模式化。然后，这些反应模式会在潜意识的作用下，以一种特定的模式支配你，然后，意识的幻觉开始产生，意识这种强有力的能源会塑造出一个全新的你，这样的你会慢慢变老，然后死亡。所有的这一切都是痛苦的连锁反应。

180
关于痛苦元凶的神圣真相

你要记住，痛苦的元凶，受生存本能的支配，大脑内部不断地发射快感的脑内麻药，渴望得到更多。追求某种意识的幻觉，比如："我想成为××样的自己。"或者否定自己："我讨厌××样的自己。"当大脑内部不断发射麻药时，你就已经陷入中毒的状态了。

181
消除痛苦的神圣真理

敞开你的胸怀，打开那个总是让你感觉不满足的黑屋子，把那些欲求统统消灭的同时，你的痛苦也就消失了。

和你的情绪聊聊天

12

直面死亡

182
人总有一死

总有一天,你的身体会垮下,总有一刻,你要迎接死亡的到来。在这一天来临之前,我有话要对你说。放下那些想要更多更好的欲望,找到心灵的安宁。抛开迄今为止所储存的记忆,不要再为过去而纠结。不要想太多多余的无谓的事情,轻轻松松地活下去。做到了这些,你就能把一切都看开,你的心就会变得非常温柔。

183
如果你死了

你在梦中见到了你朝思暮想的情人,并和对方展开了浪漫甜蜜的爱情故事,可是当你醒来睁开眼睛时,你再也见不到你的梦中情人了。你继续蜷缩在被窝里睡懒觉,按下鸣叫的闹钟,然后起床穿衣准备上班。

就像从这场梦中醒来一样,如果你死了,就再也见不着对你来说最最重要的那个人了。

184
死时唯一能够带走的东西

食物、金钱和贵重的首饰，所有这一切你曾经拥有过的东西，在你死的那一刻，一样都带不走。你的手下、员工以及所有受你影响的人，在你死的那一刻，一个人都带不走。

死的那一刻，注定要失去一切。

死时，唯一能留在手中的，是你这一生的行动所积累的功德、说过的话和脑中有过的思考。就这些。

你带着相应的报应，开始新的旅程。就像影子总是跟着人走一样，报应会一直追随着你。

因此，调整你的思考、语言和身体，为了未来多做善事，多积累功德。善的功德，对于未来的你来说，是唯一的财产。

185

有关死的冥想

当你发现人、猫、鱼、鸡以及螳螂、蟋蟀等生物的尸体时,可以借此机会做以下有关死的冥想:被抛野外,慢慢地逐步腐烂的尸体。进入焚化炉,变成一股青烟的尸体。血肉模糊,脓液流淌的尸体。尸首分离,只留下白骨的尸体。当你看到这些时,在条件反射的作用下,你会觉得可怕、可悲。

可是反过来想想,如果有一天你死了,你的身体也会变成这样。"我的身体和这个尸体是同样的物质构造,死后都是一样的。我也注定会有死的一天。"通过这些有关死的冥想,能摆脱生存本能的束缚。

186
人难免一死

当天崩地裂，巨大的山石从前、后、左、右向你压迫过来时，你想逃也逃不了。老和死就像这样，从前、后、左、右全方位地威胁着所有的生物。无论是帝王还是僧侣，无论是庶民还是奴隶，任何人都难免一死，都无法摆脱来自老和死的压迫。即使你是率领千军万马战无不胜的大将军，也无法战胜老和死。即使你强大到可以让金钱说话，可是当面对老和死时，你依旧拿它们没办法。

你确定是要死的，绝对的。

187
死是自然而然的

你要记住,死是自然而然的事情。你们要点亮自己心中的灯,不依靠任何外界的力量向前冲。但你们一定要注意各自的身体,留意各自的感觉,关注各自的内心,遵守心灵的法则。

188
世间不存在永远

不管有多爱,不管有多喜欢,在你有生之年或者临死时,百分之百都要面临生离死别。一切都注定消失。来到过这个世界上的事物,存在于这个世界上的事物,以及这个世界所创造的事物,都注定要被破坏。想要保证世间之物永远都不受破坏是不可能的。这个世界上,没有一样东西是永恒的。这是极其自然的事情。

189
遗言

所有的一切都会在一分一秒的流逝中被破坏，然后一点一点地消失。因此，你不要浪费每一个短暂的瞬间，不要拖拖拉拉，要抓紧时间全力以赴。

佛陀生涯

（超精简版）

距今大概 2550 年，佛陀释迦牟尼在被称呼为"觉悟者"之前，是迦毗罗卫国国王净饭王和摩耶夫人的王子。他的全名是乔达摩·悉达多。

传说迦毗罗卫国夹在摩揭陀国和侨萨罗国这两大强国之间，是一个势单力薄的弱国。佛陀释迦牟尼出生时，有位德高望重的仙人曾预言说："这个孩子将来能成为全人类的王。"他父王听了为之大喜。虽然原始佛教典籍中记载有关于释迦牟尼刚一出生就能用两条腿走路，并高呼"全世界我最伟大"之类的传说，但这些不过都是想要将佛陀神化的虚构的传说而已，忘掉就好了。

童年时代的佛陀在父亲的厚望下，从小就接受精英教育，也展示出了不亚于老师们的才气。同时，作为出生在战乱年代的王子，他还精通武术和兵法，并在语言学和宗教学等方面也展示出了出众的才华。

佛陀的人生看起来在一帆风顺中开始，不过他还是经历了很多苦难。他刚出生没几个月，母亲摩耶夫人就去世了。摩耶夫人产后身体一直不适，生下儿子后就一直在病榻上。

姨母摩诃波阇波提代替摩耶夫人把释迦牟尼养育成人。可是，释迦牟尼从小就没有被自己的亲生母亲温柔地拥抱过、守护过，在他的心中一直留下了无法弥补的遗憾和挥之不去的阴影。

取而代之的是来自父亲的厚望和压力。"你要做一个伟大的国王就必须非常强大。""必须要非常聪慧贤明。"因为他从小就在一个缺乏温情而又压力过大的环境中接受精英教育，所以他的内心可能一直都怀有强烈的不满足感和缺憾感。

不管是不是受这些成长环境的影响，总之，少年时代的释迦牟尼很优秀，同时也很伤感忧郁。父亲有好几处行宫，一年四季都能非常舒适地度过。他总是享用好酒好菜，喜欢的音乐和戏剧也是想看的时候随时都能看到。遇到中意的女子，很轻易地就能得到手。大家都宠着他、伺候着他。

释迦牟尼 16 岁的时候，和表妹释种女耶输陀罗结婚了。作为当时的权力掌控者，他还同时拥有很多妃子。所以我们可以推测，在他所生活的环境里，一直都有各种不同的快感体验。

在这种沉溺于过剩的快乐的日子里，他真的幸福吗？

非也。感性忧郁的他，喜欢思考各种有关人生意义的问题，所有的快乐他都尝试过而且很快就厌倦了。可能对于他而言，更多的是空虚和寂寞。

笔者认为，可能佛陀释迦牟尼在青少年时期，所有的欲望都满足了，太多快感的神经刺激，可以说他已经做了很多有关"这样能幸福吗"的试验。"输入快感 A"→"兴奋一会儿"→"兴奋过后感觉其实也挺没劲"→"输入快感 B"→……"输入快感 C"→……"输入快感 Z"……

不停地试验之后，他终于明白了。

"一旦欲望实现，得到快乐之后，快感只是在大脑中出现一瞬间就立马消失了,然后内心就陷入了无比的空虚。这不能称为幸福。"

释迦牟尼在奢侈生活的同时,还学习了婆罗门教的讲义,研习过瑜伽冥想。他已经非常擅长通过冥想修行来练习精神集中。也许这就是促使他开始走上探求如何消除内心的空虚和寂寞,如何战胜人类的生老病死等各种苦难之路的源头所在。

刚好在妻子耶输陀罗生下第一个儿子罗睺罗那一年,他下了一个大决心。可能他是觉得"如果为了养育这个孩子而埋没在家庭之中,就无法继续我的探求之路了"。他可能对此产生了一些焦虑。当时释迦牟尼29岁,他抛下他与妻子耶输陀罗生下的第一个儿子罗睺罗,离开了迦毗罗卫国,开始了出家修行的生活。

因为怕对他寄予厚望的父亲得知后必定会强烈反对,他偷偷地离家出走,开始投入修行生活中。

当时的印度,已经有非常先进的冥想方法,很多人都随从大师们修行。在当时,那也算是一种潮流。释迦牟尼最初拜师于一位名叫卡拉玛的行者门下。但是在跟随卡拉玛修行的过程中,释迦牟尼产生了一些疑问。

"总感觉卡拉玛老师的修行,好像是通过对冥想的探求,以死后升天为目的。即使在天国能过得很舒适,这也无法弥补我心中的缺憾。想要在天国生活的欲望,对我而言好像很遥远。"

于是,释迦牟尼接着又拜于著名的冥想指导者阿罗陀迦兰(Alara Kalama)的门下。原本擅长在冥想中禅定的释迦牟尼,在老师那里得到了极致的禅定训练,不过出师后他依然感到不满足。

然后,他又拜师代表当时印度最高水平的禅定大师郁陀罗摩子(Udraka Ramaputra),继续修行。终于掌握了最高水平的精神统一法。

不过,当闭上双眼将注意力集中到极致,进入"无"的境界时,他的内心还会陷入迷茫、愤怒等情绪。高度的精神统一确实能获得暂时心灵的安宁,让释迦牟尼获得了巨大的成长。但是,他的目的是要把痛苦产生的元凶从内心深处完全摘除,所以当时的他总感觉好像还缺点什么。

为了继续探求,他离开老师,开始了当时印度修行界正在流行的"苦行"。

连续禁食数日，倒立数日不睡觉持续地进行冥想，沉入水中屏住呼吸持续冥想，等等。

可以说，也许释迦牟尼在苦行的过程中，身体不断地接受不愉快的刺激，每天都在研究"痛苦"产生的原理。换句话说，他以自己的身体做试验，不断观察身心对于不快感是如何反应的。

"好几天不吃饭，饱受饥饿折磨的身体好像是这么反应的。心灵的反应好像是感觉到害怕,不想死。"如此这般。或者说，"身体快到极限状态时，血压会变成这样，呼吸会变成那样"，等等。

释迦牟尼人生最初的 29 年一直都在接受"快感"如何刺激心灵的试验。而之后 6 年的苦行时期，他一直在不断地重复"不快感"的试验。

只是，尽管不快的神经刺激不断地折磨他的身心，但他的身体在变得越来越衰弱的同时，心灵却仍然没能达到"不再痛苦"的境界。也就是说，最初 29 年的研究以失败告终,同样,之后 6 年的研究也以失败告终。最后,他瘦得只剩皮包骨头，非常衰弱，随时都可能死去。

到了这个阶段，他终于明白，苦行似乎依然不能弥补空虚。快要饿死的他被一位名叫善生的村姑发现了。他乞求她给他一点食物吃。村姑给他煮了一碗粥。明白"苦行"之误的释迦牟尼果断决定停止禁食，一口一口地喝下粥，慢慢地恢复了体力。

停止了苦行和禁食的释迦牟尼，遭到了一起修行的同伴们的辱骂，大家都抛下他，离他而去。不过体力逐步恢复的他一点都不介意别人说他什么，他在菩提树下开始踏踏实实、稳稳当当地坐禅。他就那样一直端坐不动，坐了好久。不是之前所锻炼的精神统一式的冥想，而是把那种冥想的专注力作为道具来使用，不断审视自己的内心世界。

利用禅定的高度集中的精神状态不断地审视自己的内心，可以看到心灵的构造，乃至内心深处潜意识的部分。隐藏在那里的各种蠢蠢欲动的心灵扭曲一样一样地被燃烧干净。与此同时，他终于领悟到了控制心灵和身体的法则。乔达摩·悉达多终于成了大彻大悟的智者。当时，释迦牟尼35岁。

不过，正如他自己在经文典籍中所坦言的，有段时间他还是产生了一些迷茫。"我所领悟到的内容，能被世间那些充满了欲望和怨气的人们所接受吗？能被人们所理解吗？还是自己独自一人一直这样坐下去吧。"

迷茫了一段时间后，他开始尝试。他决定去找曾经抛下他的五个修行伙伴，尝试去说服他们。但那五个人对他的态度很冷淡。释迦牟尼对他们说："你们应该也记得，迄今为止我一次也没有自称过大彻大悟。现在，我站在你们面前，自信地称我已经彻底领悟了，这必定是有原因的。"终于，他引起了那五位修行伙伴的兴趣。

那五个人终于决定聆听释迦牟尼的话。释迦牟尼高声对他们宣布："要想减轻痛苦，只要把心灵的缺憾感一样一样地烧光扑灭就好了。"然后，释迦牟尼把自己编写的实践方法教给了他们。

于是，在不知不觉中，这五个人成了释迦牟尼的弟子，尤其是其中一个叫桥陈如（Aj.ā ta Kaundinya）的人，他的修行水平后来有了很大的提高。

可以说正是从这最初的五名弟子开始，释迦牟尼开始了他的为师生涯。也正是因为他孜孜不倦地教诲，充分传达了他的理念，他的弟子中不乏有人理解了他的教诲并有所领悟。

从此之后，也就是在释迦牟尼 35 岁到 80 岁去世的这 45 年时间里，释迦牟尼一边徒步走遍印度疆土，一边指导弟子们，一边接受各种有烦恼的人的咨询。

在最初的那段时间里，他还只是面向少数人默默无闻地活动。接着有段时间忽然就增加到上千名弟子。

释迦牟尼一行人一路跋涉来到一个叫作优娄频罗（Uruvela-senani）的村子，那里有个外道组织正在点燃篝火，他们正在一边举行仪式，一边冥想修行。那个外道的指导者优娄频罗迦叶（Uruvela-kassapa）和他的两个弟弟那提迦叶（Nadi-kassapa）、伽耶迦叶（Gaya-Kasyapa），刚开始还和释迦牟尼进行了激烈的争论，而最终却被释迦牟尼所打动并拜他为师。三兄弟总共率领过近千名弟子。据说他们三兄弟及其手下的千名弟子全部都投靠到释迦牟尼门下了。

于是，释迦牟尼门下的弟子数量暴涨，但他未必觉得这就是幸福。毕竟越来越多的人是闻名而来，门下弟子的水平也开始变得参差不齐。

起步阶段的成员，在成为释迦牟尼的弟子之前都已经达到了相当高的境界，对他们的教诲和指导也很简单。可是，当弟子的人数上涨到上千人，甚至上万人时，各种各样的问题开始不断出现。有的人是因为穷得吃不上饭才过来投奔释迦牟尼的。这些人在弟子之间引起争吵，甚至打架，给村民们带来了不少麻烦。

最开始，不需要任何的规则就能和平相处的释迦牟尼及其弟子们所组成的团队，随着规模的不断膨胀，开始有必要制定出很多严格的规章制度。

除了这点，还有更麻烦的事情，随着门下人数的急剧膨胀，其他的宗教指导者开始嫉妒释迦牟尼甚至要迫害他。尤其是因为释迦牟尼无论是对待蚊虫鸟蝇还是国王平民，一切生命体全部都平等，一视同仁。他完全否定了人的出身等级差别，这也引起了一些人的反感。

当时的印度社会是非常讲究身份等级的社会。释迦牟尼引起了婆罗门教最高祭司的反感，各种流言蜚语和迫害开始不断袭击他。

在这样的背景下请想象一下，释迦牟尼反反复复地教诲他的弟子们："无论你是被责难还是被褒奖，都要挺住不动摇。"你能感受到其中的深意吗？

无论遇到什么样的责难和挑拨，释迦牟尼都能保持坚定不动摇。他的这种气质、品性和态度，可能也为他带来了不少好评价、好口碑。

有一次，被释迦牟尼打动过的一位婆罗门教的祭司对释迦牟尼说："我不再信仰婆罗门教了，请收我为徒吧。"当时释迦牟尼的回答，笔者认为里面蕴藏了不少亮点。

当时，释迦牟尼回答说："你作为婆罗门教的祭司，为信徒们举办各种仪式，从事各种宗教相关的工作。你抛下你手头的工作投奔我门下是不负责任的表现。你可以继续现在的工作，在休息的时候抽空跟我一起学习冥想就可以了。"

从这个回答中可以看出，要想跟从释迦牟尼，根本无须否定别的宗教派别。而且可以看出释迦牟尼在间接地透露，自己的教诲不属于宗教范畴。

如果释迦牟尼的教诲是属于"宗教"范畴的话，那么去实践这些教诲就会对别的宗教产生干扰。因为宗教是具有排他性的。

释迦牟尼所教给弟子们的，其实是旨在更好地驾驭心灵的心理训练法。因为这些并不带有宗教色彩，所以不管是婆罗门教的教徒、耆那教的教徒，还是伊斯兰教的教徒，谁都可以运用到自己身上。

于是，释迦牟尼的团队在印度领土内不断扩大，来聆听他教诲的人中甚至有以大国马嘎塔国（Magadha）的国王宾比萨拉王（Bimbisàsa）为首的政界大人物。他的故乡，迦毗罗卫国的人们也开始推崇他、师从他，他的儿子罗睺罗也从故乡赶过来投奔于他的门下。

本书中虽然没有收录，但从很多经文典籍中可以看到，佛陀释迦牟尼孜孜不倦地教给罗睺罗修行的方法和心灵的保护法，那些语句既保持了恰当的距离，又充满了父爱，非常优美。

不过，对于他们来说，最痛苦的消息莫过于故乡迦毗罗卫国终究还是灭亡了。因为迦毗罗卫国激怒了相邻的大国侨萨罗国(Kosala)，所以遭受了攻击，一下子就被消灭了。自己曾经抛弃的故国灭亡了，他们自然也会深有感慨。

佛陀释迦牟尼的后半生可谓曲折坎坷，历尽苦难艰险。

优秀的弟子提婆想要把禅定做到极致，向释迦牟尼宣战，在团队内部进行了分裂活动。原始佛教经典中以小说的形式，写到提婆为了杀害释迦牟尼，曾经把岩石从高处推下来。虽然这些佛教经典都把提婆写成一个大坏蛋，但实际上他是一个比释迦牟尼还要严格要求自己的修行者。他向释迦牟尼提议要回归到从前的修行者的风格，释迦牟尼拒绝了他。于是他就带着自己的追随者离开了团队。这是历史上的事实。

佛陀释迦牟尼最信赖的两大弟子舍利弗和目犍连因病逝世，佛陀也有过悲叹："这是怎么回事啊？我还曾想过我死后让舍利弗来做我的继任者呢……"

在经历了这么多的历练和磨难之后，到了佛陀80岁即将离世的时候，门下以阿难陀为首的，还没有大彻大悟的弟子们开始动摇，并且悲叹。在生命的最后一段日子里，佛陀一直坚持给他们这些尚不成熟的弟子讲课，直到临死前的最后一刻。当他肠胃不好肚子疼的时候就躺着讲，一直孜孜不倦地教诲，直到最后的时刻。

"你们不要叹息。就像我的身体越来越差一样，世间万物都会随着时间的流逝不断地衰老，逐渐走向死亡。你们也是一样，总会有衰老的时候。因此，你们不要浪费一点点时间，时刻都要精神抖擞，全力以赴。"

佛陀就是这样，把自己的死当作活生生的教材来激励自己的弟子们。当你听到他临死时最后的教诲时，你能感觉到你的心为之一振吗？

就是这样，佛陀释迦牟尼作为所有人的老师，结束了他的一生，享年80岁。

佛陀的一生我们就介绍到这里。接下来介绍一下我们所知道的"佛教"和佛陀之间的关联。

佛陀去世后，有的弟子大喜："终于从过于伟大的老师手中解放出来了，终于自由了。"看到这样的现象，长老级的摩诃迦叶决定要好好整顿一下团队。

于是，已经开悟的弟子们聚集到一起，首先确定了佛陀所制定的关于生存方式的"律",并让负责人全部背诵下来。

然后,佛陀多年来所讲的"经"也由他的弟子阿难陀一一回想起来,和大家逐条确认。"老师是这么说的吧?""嗯,确实是这么说过,没错。"最后也由负责人全部记录下来。

不过,随着时间的流逝,围绕这些曾经制定好的戒律,还是发生了一些争议。"太细的条文应该根据时代的变化做一些灵活的调整。佛陀自己在临死前不也说过有些小细节可以调整嘛。""不行,佛陀所制定的戒律,绝对不能改。"诸如此类,出现各种不同的声音。

于是,释迦牟尼的团队最初开始分裂为革新派和保守派,并逐步演变成"大众部"(革新派)和"上座部"(保守派)。两大派别都非常推崇已经去世的佛陀并不断把佛陀神化,还形成了佛教教团。可以推测在这个过程中,各种经文典籍也由各派根据自己一派的利益和见解被改写了。

之后,又不断出现新的变化,产生新的分裂和分支,不同的时代和地域开始出现佛教的各种宗派。

尤其是革新派在不同的时代和地域衍生出了各种流派。在日本被称为"大乘佛教"的流派是在圣德太子的时代通过中国传到日本来的。从那以后，又不断融入了日本独特的自然观和宗教观，又衍生出了各种不同的流派。

纵观整个地球，佛教真的是已经在全世界遍地开花。笔者并不打算对其中的某一个流派给予赞赏。笔者认为佛教之所以能衍生出这么多的流派，也和佛陀的教诲所蕴藏的机智灵活的能量有关。我对此可以说深有感慨。

后记
Epilogue

我埋头从事本书的"超译"时期，对于我而言，仿佛也是我和佛陀面对面集中进行对话的时期。

尽管我接到的是"超译"的委托，刚开始，我觉得我只是"用现代语来进行深入浅出地直译"。当时，我还比较过英文版和最原始的巴利语原文。但我觉得我太忠实于当地的原文了，所以翻译到一半我就放弃了。

当我把巴利语原文、英译本、昭和初期的日译本、现代日译本等多种版本并排摆开对照着看时，我发现，不同译者的版本之间都存在微妙的差别。面对这些差别，我的心中自然而然地浮现出了"超译"这个词。于是，我就用"超译"的方式在稿纸上任凭我的笔随意游走（在此，我要向诸位翻译家表示感谢）。

因为必须要压缩成一两页以内的分量，所以剔除了很多内容。如果再包含那些内容的话，实际上还会有更多的"对话"产生。看着这些"对话"，佛陀的话在笔者内心所激起的波澜和灵感也很多很乱，所以可能有些内容难免有些"变味"。至于这版"超译本"的功过，就有待读者朋友们在比较其他各个传统的译本之后再做评判了。

执笔拖延了很多时间。2011年新年伊始的那段时间，原本应该是闭关做冥想修行的时间，而我却减少了坐禅的时间，专注于和这些经文典籍的对话。让读者朋友们久等了，也感谢 Discover 社的干场弓子小姐给予我这个能和佛陀深入对话的机会。

希望本书能改变大家心灵的风向，希望读者朋友们能多次翻读本书并从中有所感悟。我自己在本书出版之后，也会反复翻看阅读。

小池龙之介
2011 年新春

图书在版编目（CIP）数据

和你的情绪聊聊天 /（日）小池龙之介著；李颖秋
译 .—北京：北京联合出版公司，2022.5
ISBN 978-7-5596-6003-9

Ⅰ.①和… Ⅱ.①小… ②李… Ⅲ.①人生哲学－通俗读物 Ⅳ.① B821-49

中国版本图书馆 CIP 数据核字（2022）第 043259 号

"CHOYAKU BUDDA NO KOTOBA" by Ryunosuke Koike
Copyright©2011 by Ryunosuke Koike
Original Japanese edition published by Discover 21, Inc., Tokyo, Japan
Simplified Chinese edition is published by arrangement with Discover 21,Inc.
北京市版权局著作权合同登记 图字：01-2022-1253

和你的情绪聊聊天
作　　者：（日）小池龙之介
译　　者：李颖秋
出 品 人：赵红仕
责任编辑：徐　樟
封面设计：青空工作室

北京联合出版公司出版
（北京市西城区德外大街 83 号楼 9 层　100088）
三河市冀华印务有限公司印刷　新华书店经销
字数 120 千字　787 毫米 ×1092 毫米　1/32　印张 8.25
2022 年 5 月第 1 版　2022 年 5 月第 1 次印刷
ISBN 978-7-5596-6003-9
定价：48.00 元

未经许可，不得以任何方式复制或抄袭本书部分或全部内容
版权所有，侵权必究
如发现图书质量问题，可联系调换。质量投诉电话：010-82069336